HEYNE <

Der Autor

Peter Wohlleben, Jahrgang 1964, wollte schon als kleines Kind Naturschützer werden. Er studierte Forstwirtschaft und war über zwanzig Jahre lang Beamter der Landesforstverwaltung. Heute leitet er eine Waldakademie in der Eifel und setzt sich weltweit für die Rückkehr der Urwälder ein. Er ist Gast in zahlreichen TV-Sendungen, hält Vorträge und Seminare und ist Autor von Büchern zu Themen rund um den Wald und den Naturschutz. Mit seinen Bestsellern *Das geheime Leben der Bäume, Das Seelenleben der Tiere, Das geheime Netzwerk der Natur* und *Das geheime Band zwischen Mensch und Natur* hat er Menschen auf der ganzen Welt begeistert. Zuletzt erschien das Magazin *Wohllebens Welt*. Für seine emotionale und unkonventionelle Wissensvermittlung wurde ihm 2019 die Bayerische Naturschutzmedaille verliehen.

PETER WOHLLEBEN

DAS GEHEIME LEBEN DER BÄUME

Was sie fühlen, wie sie kommunizieren – die Entdeckung einer verborgenen Welt

WILHELM HEYNE VERLAG
MÜNCHEN

Sollte diese Publikation Links auf Webseiten Dritter enthalten, so übernehmen wir für deren Inhalte keine Haftung, da wir uns diese nicht zu eigen machen, sondern lediglich auf deren Stand zum Zeitpunkt der Erstveröffentlichung verweisen.

Klimaneutral
Druckprodukt
ClimatePartner.com/12537-1707-1001

FSC
www.fsc.org
MIX
Papier aus verantwortungsvollen Quellen
FSC® C014496

Verlagsgruppe Random House FSC® N001967

3. Auflage
Taschenbuchausgabe 01/2020

Der Wilhelm Heyne Verlag, München, ist ein Verlag
der Verlagsgruppe Random House GmbH,
Neumarkter Straße 28, 81673 München
www.heyne.de
Printed in Germany 2019
Umschlaggestaltung: Eisele Grafik-Design, München,
unter Verwendung der Fotos von Mathias Bothor/
Constantin Film Verleih GmbH (Titel), Ramon Haindl
(vordere Innenseite) und Weenee (hintere Innenseite)
Satz: Leingärtner, Nabburg
Druck und Bindung: GGP Media GmbH, Pößneck
Printed in Germany

ISBN 978-3-453-60432-2

Inhalt

Vorwort 7
Freundschaften 9
Die Sprache der Bäume 14
Sozialamt 21
Liebe 25
Baumlotterie 30
Immer schön langsam 35
Der Baumknigge 40
Baumschule 45
Gemeinsam geht's besser 50
Rätselhafter Wassertransport 56
Bäume stehen zu ihrem Alter 59
Die Eiche – ein Weichei? 66
Spezialisten 70
Baum oder nicht Baum? 75
Im Reich der Dunkelheit 80
CO_2-Staubsauger 87
Die hölzerne Klimaanlage 92
Wasserpumpe Wald 96
Mein oder dein? 103

Sozialer Wohnungsbau 114
Mutterschiffe der Biodiversität 119
Winterschlaf 124
Zeitgefühl 133
Charaktersache 137
Der kranke Baum 141
Es werde Licht 147
Straßenkinder 154
Burn-out 163
Auf in den Norden! 169
Ganz schön resistent 177
Stürmische Zeiten 181
Neubürger 189
Gesunde Waldluft? 198
Warum ist der Wald grün? 204
Von der Kette gelassen 209
Bioroboter? 215
Danksagung 219
Anmerkungen 221

Vorwort

Als ich meine berufliche Laufbahn als Förster begann, kannte ich vom geheimen Leben der Bäume ungefähr so viel wie ein Metzger von den Gefühlen der Tiere. Die moderne Forstwirtschaft produziert Holz, sprich, sie fällt Stämme und pflanzt anschließend wieder neue Setzlinge. Liest man die Fachzeitschriften, entsteht schnell der Eindruck, dass das Wohl des Waldes nur insofern interessiert, als es hinsichtlich einer optimalen Betriebsführung notwendig ist. Für den Försteralltag reicht dies auch, und allmählich verbiegt sich dabei der Blick. Da ich täglich Hunderte von Fichten, Buchen, Eichen oder Kiefern im Hinblick darauf taxieren muss, wozu sie im Sägewerk taugen und wie hoch ihr Vermarktungswert ist, wurde meine Wahrnehmung auf dieses Sichtfeld eingeengt.

Vor rund 20 Jahren fing ich an, mit Touristen Survivaltrainings und Blockhüttentouren zu veranstalten. Später kamen noch ein Bestattungswald und Urwaldreservate hinzu. In Gesprächen mit den vielen Besuchern wurde mein Waldbild wieder geradegerückt. Krumme, knorrige Bäume, die ich damals noch als minderwertig einordnete, riefen bei Wanderern Begeisterung hervor. Ich lernte zusammen mit ihnen, nicht nur auf die Stämme und deren Qualität zu achten, sondern auch auf bizarre Wurzeln, besondere Wuchsformen oder zarte Moospolster auf der Rinde. Meine Naturliebe, die mich schon als Sechsjährigen umgetrieben hatte, entflammte aufs Neue. Plötzlich entdeckte ich unzählige Wunder, die ich mir kaum erklären konnte. Zudem begann die Universität Aachen mit regelmäßigen Forschungsarbeiten in meinem Revier. Viele

Fragen wurden dabei beantwortet, zahllose weitere tauchten auf. Das Leben als Förster wurde wieder spannend, jeder Tag im Wald zu einer Entdeckungsreise. Das erforderte bei der Waldbewirtschaftung ungewohnte Rücksichtnahmen. Wer weiß, dass Bäume Schmerz empfinden und ein Gedächtnis haben und dass Baumeltern mit ihren Kindern zusammenleben, der kann sie nicht mehr so einfach fällen und mit Großmaschinen zwischen ihnen herumwüten. Seit zwei Jahrzehnten schon sind diese aus meinem Revier verbannt, und wenn doch einmal einzelne Stämme geerntet werden, dann erledigen Waldarbeiter die Arbeiten behutsam zusammen mit ihren Pferden. Ein gesunder, vielleicht sogar glücklicher Wald ist wesentlich produktiver, und das bedeutet zugleich höhere Einnahmen. Dieses Argument überzeugte auch meinen Arbeitgeber, die Gemeinde Hümmel, und so kommt in dem winzigen Eifeldorf auch künftig keine andere Wirtschaftsweise infrage. Die Bäume atmen auf und verraten noch mehr Geheimnisse, vor allem jene Gruppen, die in den neu eingerichteten Schutzgebieten leben und hier völlig ungestört sind. Ich werde nie aufhören, von ihnen zu lernen, doch allein das, was ich bisher dort unter dem Blätterdach entdeckt habe, hätte ich mir früher nie erträumt.

Ich lade Sie ein, mit mir das Glück zu teilen, das Bäume uns geben können. Und wer weiß, vielleicht entdecken Sie ja bei Ihrem nächsten Waldspaziergang selbst kleine und große Wunder.

Freundschaften

Vor Jahren stieß ich in einem der alten Buchenwaldreservate meines Reviers auf eigenartige bemooste Steine. Im Nachhinein ist mir klar, dass ich schon viele Male achtlos an ihnen vorübergegangen bin, doch eines Tages blieb ich stehen und bückte mich. Die Form war merkwürdig, leicht gebogen mit Hohlräumen, und als ich das Moos etwas abhob, entdeckte ich darunter Baumrinde. Es war also doch kein Stein, sondern altes Holz. Und da solches von Buchen auf feuchtem Boden innerhalb weniger Jahre verfault, war ich überrascht, wie hart das Stück war. Vor allem aber ließ es sich nicht hochheben, war offensichtlich fest mit dem Erdreich verbunden. Mit dem Taschenmesser schabte ich vorsichtig ein bisschen von der Rinde herunter, bis ich auf eine grüne Schicht stieß. Grün? Diesen Farbstoff gibt es nur als Chlorophyll, wie es in frischen Blättern vorkommt und als Reserve auch in den Stämmen lebendiger Bäume gespeichert wird. Das konnte nur bedeuten, dass dieses Holzstück doch noch nicht tot war! Die übrigen »Steine« ergaben rasch ein logisches Bild, da sie in einem Kreis mit anderthalb Metern Durchmesser standen. Es handelte sich um die knorrigen Reste eines riesigen, uralten Baumstumpfs. Nur der ehemalige Rand war noch in Rudimenten vorhanden, während das Innere längst vollständig zu Humus verfault war – ein klares Indiz dafür, dass der Stamm schon vor 400–500 Jahren gefällt worden sein musste. Doch wie konnten sich die lebenden Überreste so lange halten? Schließlich verbrauchen die Zellen Nahrung in Form von Zucker, müssen atmen und zumindest ein wenig wachsen. Ohne Blätter und damit ohne Fotosynthese ist das aber unmöglich. Eine mehrhundertjährige Hungerkur hält kein Wesen unseres Planeten aus, und das gilt auch für Reste von Bäumen. Zumindest für Baumstümpfe, die auf sich allein gestellt sind. Bei diesem Exemplar war es jedoch ganz offensichtlich anders. Es bekam Unterstützung von den Nachbarbäumen, und zwar mithilfe von Wurzeln. Bisweilen ist es nur eine lose Verbindung über das Pilzgeflecht, das die Wurzelspitzen umhüllt und ihnen beim Nährstoffaustausch hilft, manchmal sind es auch direkte Verwachsungen. Wie es sich in diesem Fall verhielt, konnte ich nicht herausfinden, denn ich wollte dem alten Stumpf nicht durch Grabungen Schaden zufügen. Eines war aber eindeutig: Die umgebenden Buchen pumpten ihm Zuckerlösung hinüber, um ihn am Leben zu halten. Dass Bäume sich über die Wurzeln zusammenschließen, kann man manchmal an Wegeböschungen sehen. Dort wird die Erde vom Regen weggespült und legt das unterirdische Netzwerk frei. Dass es wirklich ein verflochtenes System ist, das die meisten Individuen einer Art und eines Bestands miteinander verbindet, haben Wissenschaftler im Harz herausgefunden. Der Austausch von Nährstoffen, die Nachbarschaftshilfe im Notfall, ist anscheinend die Regel und führte zu der Feststellung, dass Wälder Superorganismen sind, also ähnliche Gebilde wie etwa ein Ameisenhaufen.

Natürlich könnte man sich auch fragen, ob nicht vielleicht die Wurzeln der Bäume einfach dumpf und ziellos durch den Boden wachsen und immer dann, wenn sie auf Artgenossen treffen, sich mit ihnen verbinden? Fortan würden sie zwangsweise untereinander Nährstoffe tauschen, eine angebliche Sozialgemeinschaft aufbauen und dabei doch nichts anderes erleben als ein zufälliges Geben und Nehmen. Das schöne Bild einer aktiven Hilfe würde abgelöst durch das Zufallsprinzip, obwohl selbst solche Mechanismen Vorteile für das

Ökosystem Wald bieten würden. So einfach funktioniert die Natur aber nicht, wie *Massimo Maffei* von der Universität Turin im Magazin *MaxPlanckForschung* (3/2007, S. 65) feststellt: Pflanzen und folglich auch Bäume können ihre Wurzeln von denen fremder Spezies und sogar anderer Exemplare der eigenen Art sehr wohl unterscheiden.

Doch warum sind Bäume derart soziale Wesen, warum teilen sie ihre Nahrung mit Artgenossen und päppeln darüber ihre Konkurrenz hoch? Die Gründe sind dieselben wie bei menschlichen Gesellschaften: Gemeinsam geht es besser. Ein Baum ist kein Wald, kann kein lokales ausgeglichenes Klima herstellen, ist Wind und Wetter schutzlos ausgeliefert. Zusammen dagegen schaffen viele Bäume ein Ökosystem, das Hitze- und Kälteextreme abfedert, eine Menge Wasser speichert und sehr feuchte Luft erzeugt. In so einem Umfeld können Bäume geschützt leben und uralt werden. Um das zu erreichen, muss die Gemeinschaft um jeden Preis erhalten bleiben. Würden sich alle Exemplare nur um sich selbst kümmern, dann erreichten etliche nicht die Altersphase. Ständige Todesfälle hätten viele große Löcher im Kronendach zur Folge, wodurch Stürme leichter hineinfahren und weitere Stämme umwerfen könnten. Die Sommerhitze würde bis zum Waldboden vordringen und ihn austrocknen. Darunter würden alle leiden.

Jeder Baum ist also wertvoll für die Gemeinschaft und verdient es, so lange wie möglich erhalten zu werden. Daher unterstützt man sogar kranke Exemplare und versorgt sie mit Nährstoffen, bis es ihnen wieder besser geht. Beim nächsten Mal ist es vielleicht umgekehrt, und der Unterstützerbaum braucht seinerseits Hilfe. Mich erinnern dicke, silbergraue Buchen, die sich so verhalten, an eine Elefantenherde. Auch sie kümmert sich um ihre Mitglieder, hilft Kranken und Schwachen auf die Beine und lässt selbst tote Angehörige nur ungern zurück.

Jeder Baum ist Teil dieser Gemeinschaft, aber dennoch gibt es Abstufungen. So faulen die meisten Stümpfe vor sich hin und verschwinden nach ein paar Jahrzehnten (für Bäume ist das sehr schnell) im Humus. Nur wenige Exemplare werden wie der zuvor beschriebene »bemooste Stein« über Jahrhunderte am Leben gehalten. Warum wird da so unterschieden? Gibt es etwa auch bei Bäumen eine Zweiklassengesellschaft? Es scheint so, doch trifft es der Ausdruck »Klasse« nicht genau. Es ist vielmehr der Grad an Verbundenheit oder vielleicht sogar Zuneigung, der über die Hilfsbereitschaft der Kollegen entscheidet. Und das können Sie selbst mit einem Blick nach oben in die Kronen nachvollziehen. Ein Durchschnittsbaum macht sich mit seinen Ästen so lange breit, bis er an die Zweigspitzen eines gleich hohen Nachbarn stößt. Weiter geht es nicht, weil hier der Luft- oder besser Lichtraum schon besetzt ist. Trotzdem werden die Ausleger kräftig verstärkt, sodass man den Eindruck hat, dass dort oben regelrecht gerungen wird. Ein echtes Freundespaar dagegen achtet von vornherein darauf, keine allzu dicken Äste in Richtung des anderen auszubilden. Man will sich nicht gegenseitig etwas wegnehmen und bildet kräftige Kronenteile daher nur nach außen, also zu den »Nichtfreunden« hin. Solche Paare sind so innig über die Wurzeln verbunden, dass sie manchmal sogar gemeinsam sterben.

Derartige Freundschaften bis hin zum Versorgen von Stümpfen können in der Regel nur in natürlichen Wäldern festgestellt werden. Vielleicht machen dies alle Arten, ich selbst habe weitere langlebige Stümpfe von abgesägten Bäumen neben Buchen schon bei Eichen, Tannen, Fichten und Douglasien beobachtet. Gepflanzte Forste, wie es die meisten Nadelwälder Mitteleuropas sind, verhalten sich offensichtlich eher wie die Straßenkinder aus dem gleichnamigen Kapitel. Da durch die Pflanzung die Wurzeln dauerhaft beschädigt werden, scheinen sie sich kaum noch zu einem Netzwerk zusammenzufinden. Die Bäume solcher Forste treten in der Regel als Einzelgänger auf und haben es dadurch besonders schwer. Allerdings sollen sie in den meisten Fällen ohnehin nicht alt werden, da ihre Stämme je nach Baumart mit etwa 100 Jahren schon als erntereif gelten.

Die Sprache der Bäume

Sprache ist laut Duden die Fähigkeit des Menschen, sich auszudrücken. So gesehen können nur wir sprechen, weil der Begriff auf unsere Spezies beschränkt ist. Doch wäre es nicht interessant zu wissen, ob auch Bäume sich ausdrücken können? Aber wie? Zu hören ist jedenfalls nichts, denn sie sind definitiv leise. Das Knarren von scheuernden Ästen im Wind, das Rascheln des Laubs geschehen ja passiv und werden von den Bäumen nicht beeinflusst. Sie machen sich jedoch anders bemerkbar: durch Duftstoffe. Duftstoffe als Ausdrucksmittel? Auch uns Menschen ist das nicht unbekannt: Wozu sonst werden Deos und Parfüms benutzt? Und selbst ohne deren Verwendung spricht unser eigener Geruch gleichermaßen das Bewusstsein und Unterbewusstsein anderer Menschen an. Einige Personen kann man einfach nicht riechen, andere hingegen ziehen einen durch ihren Duft stark an. Nach Ansicht der Wissenschaft sind die im Schweiß enthaltenen Pheromone sogar ausschlaggebend dafür, welchen Partner wir auswählen, mit wem wir also Nachkommen zeugen wollen. Wir besitzen demnach eine geheime Duftsprache, und zumindest das können Bäume auch vorweisen. Mittlerweile vier Jahrzehnte alt ist eine Beobachtung aus den Savannen Afrikas. Dort fressen Giraffen an Schirmakazien, was diesen überhaupt nicht gefällt. Um die großen Pflanzenfresser wieder loszuwerden, lagern die Akazien innerhalb von Minuten Giftstoffe in die Blätter ein. Die Giraffen wissen dies und ziehen zu den nächsten Bäumen. Den nächsten? Nein, zunächst lassen sie etliche Exemplare links liegen und beginnen erst nach etwa 100 Meter erneut mit der Mahlzeit. Der Grund ist verblüffend: Die befressene Akazie verströmt ein Warngas (in diesem Fall Ethylen), welches den Artgenossen der Umgebung signalisiert, dass hier Unheil naht. Daraufhin lagern alle vorgewarnten Individuen ebenfalls Giftstoffe ein, um sich vorzubereiten. Giraffen kennen dieses Spiel und ziehen daher etwas weiter über die Savanne, wo sie ahnungslose Bäume finden. Oder aber sie arbeiten gegen den Wind. Denn die Duftbotschaften werden mit der Luft zu den nächsten Bäumen geweht, und wenn die Tiere gegen die Luftströmung laufen, finden sie gleich nebenan Akazien, die keine Ahnung von ihrer Anwesenheit haben. Solche Prozesse spielen sich auch in unseren heimischen Wäldern ab. Ob Buchen, Fichten oder Eichen, sie alle merken es schmerzhaft, sobald jemand an ihnen herumknabbert. Wenn eine Raupe herzhaft zubeißt, dann verändert sich das Gewebe um die Bissstelle herum. Zudem sendet es elektrische Signale aus, ganz wie im menschlichen Körper, wenn dieser verwundet wird. Allerdings breitet sich dieser Impuls nicht, wie bei uns, innerhalb von Millisekunden aus, sondern nur mit einem Zentimeter pro Minute. Danach dauert es noch einmal eine Stunde, bis Abwehrstoffe in die Blätter eingelagert werden, um den Parasiten die Mahlzeit zu verderben.[1] Bäume sind eben langsam, und selbst bei Gefahr scheint das die Höchstgeschwindigkeit zu sein. Trotz des geringen Tempos funktionieren die einzelnen Körperteile eines Baums keineswegs voneinander isoliert. Bekommen etwa die Wurzeln Schwierigkeiten, so breitet sich diese Information im ganzen Baum aus und kann dazu führen, dass über die Blätter Duftstoffe abgegeben werden. Nicht irgendwelche, sondern speziell auf den jeweiligen Zweck zugeschnittene. Das ist eine weitere Eigenschaft, die ihnen in den nächsten Tagen hilft, den Angriff abzuwehren, denn sie erkennen bei manchen Insektenarten, um welchen

Bösewicht es sich handelt. Der Speichel jeder Art ist spezifisch und kann zugeordnet werden. So gut zugeordnet, dass durch Lockstoffe gezielt Fressfeinde herbeigerufen werden können, die sich freudig auf die Plage stürzen und so den Bäumen helfen. Ulmen oder Kiefern wenden sich beispielsweise an kleine Wespen.[2] Diese Insekten legen Eier in blattfressende Raupen. Hier entwickelt sich der Wespennachwuchs, indem er die größere Schmetterlingsraupe innerlich Stück für Stück auffrisst – kein schöner Tod. Immerhin sind so die Bäume von den lästigen Parasiten befreit und können unbeschädigt weiterwachsen.

Das Erkennen des Speichels ist nebenbei ein Beleg für eine weitere Fähigkeit der Bäume: Sie müssen demnach auch einen Geschmackssinn haben.

Ein Nachteil von Duftstoffen ist jedoch, dass sie vom Wind rasch verdünnt werden. Daher reichen sie oft nicht einmal 100 Meter weit. Allerdings erfüllen sie dabei gleich einen zweiten Zweck. Da die Signalausbreitung innerhalb des Baums sehr langsam abläuft, kann er über die Luft größere Distanzen zügiger überbrücken und andere, viele Meter entfernte Teile des eigenen Körpers viel schneller vorwarnen.

Oft muss es aber nicht einmal unbedingt ein spezieller Hilferuf sein, der für eine Insektenabwehr erforderlich ist. Die Tierwelt registriert grundsätzlich die chemischen Botschaften der Bäume und weiß dann, dass dort irgendein Angriff stattfindet und attackierende Arten zu Gange sein müssen. Wer Appetit auf derartige kleine Organismen hat, fühlt sich unwiderstehlich angezogen. Doch die Bäume können sich auch selbst wehren. Eichen etwa leiten bittere und giftige Gerbstoffe in Rinde und Blätter. Sie bringen nagende Insekten entweder um oder verändern den Geschmack zumindest so weit, dass er sich von leckerem Salat in beißende Galle verwandelt. Weiden bilden zur Abwehr Salicin, das ähnlich wirkt. Bei uns Menschen allerdings nicht; ein Tee aus Weidenrinde kann im Gegenteil Kopfschmerzen sowie Fieber lindern und gilt als Vorläufer des Aspirins.

Eine solche Verteidigung braucht natürlich ihre Zeit. Daher kommt der Zusammenarbeit bei der Frühwarnung eine entscheidende Bedeutung zu. Dabei verlassen sich die Bäume allerdings nicht nur auf die Luft, denn dann bekäme ja nicht jeder Nachbar Wind von der Gefahr. Lieber schicken sie ihre Botschaften auch noch über die Wurzeln, die alle Exemplare vernetzen und wetterunabhängig arbeiten. Überraschenderweise werden die Nachrichten nicht nur chemisch, sondern sogar elektrisch verbreitet, und zwar mit der Geschwindigkeit von einem Zentimeter pro Sekunde. Mit unserem Körper verglichen ist das zugegebenermaßen extrem langsam, doch im Tierreich gibt es Arten wie etwa Quallen oder Würmer, bei denen die Geschwindigkeit der Reizleitung ähnliche Werte aufweist.[3] Hat sich die Neuigkeit verbreitet, dann pumpen prompt alle Eichen ringsherum ebenfalls Gerbstoffe durch ihre Adern. Die Wurzeln eines Baums reichen sehr weit, mehr als das Doppelte der Kronenbreite. So kommt es zu Überschneidungen mit den unterirdischen Ausläufern von Nachbarbäumen und zu Kontakten durch Verwachsung. Allerdings nicht in jedem Fall, denn auch im Wald gibt es Einzelgänger und Eigenbrötler, die mit den Kollegen wenig zu tun haben wollen. Können solche Muffel Alarmmeldungen blockieren, indem sie sich einfach nicht beteiligen? Zum Glück nicht, denn um eine schnelle Nachrichtenverbreitung zu garantieren, werden in den meisten Fällen Pilze zwischengeschaltet. Diese agieren wie die Glasfaserleitungen des Internets. Die dünnen Fäden durchdringen den Boden und durchweben ihn in kaum vorstellbarer Dichte. So enthält ein Teelöffel Walderde mehrere Kilometer dieser »Hyphen«[4]. Ein einziger Pilz kann sich im Laufe von Jahrhunderten über etliche Quadratkilometer ausdehnen und so ganze Wälder vernetzen. Durch seine Leitungen gibt er die Signale von einem Baum zum nächsten weiter und hilft ihnen dabei, Nachrichten über Insekten, Dürren und andere Gefahren auszutauschen. Mittlerweile spricht sogar die Wissenschaft von einem »Wood-Wide-Web«, welches unsere Wälder durchzieht. Was und wie viel da ausgetauscht wird, ist bis heute höchstens ansatzweise erforscht. Möglicherweise existiert auch Kontakt zwischen verschiedenen Baumarten, selbst wenn diese sich untereinander als Konkurrenz betrachten. Pilze verfolgen eben ihre eigene Strategie, und diese kann sehr vermittelnd und ausgleichend sein.

Sind Bäume geschwächt, dann erlahmen vielleicht nicht nur die Abwehrkräfte, sondern auch die Gesprächigkeit. Anders ist es kaum zu erklären, dass angreifende Insekten sich gezielt anfällige Exemplare heraussuchen. Es ist denkbar, dass sie dazu den Bäumen zuhören, die aufgeregten chemischen Warnrufe registrieren und stumme Individuen durch einen Biss in Blätter oder Rinde testen. Vielleicht ist die Schweigsamkeit tatsächlich auf eine ernste Erkrankung zurückzuführen, manchmal auch auf einen Verlust des Pilzgeflechts, wodurch der Baum von sämtlichen Neuigkeiten abgeschnitten wird. Er registriert das nahende Unheil nicht mehr, und dann ist das Buffet für Raupen und Käfer eröffnet. Ebenso anfällig sind übrigens die zuvor beschriebenen Eigenbrötler, die zwar gesund wirken, aber ahnungslos bleiben.

In der Lebensgemeinschaft Wald sind es nicht nur die Bäume, sondern auch Sträucher und Gräser, ja womöglich alle Pflanzenarten, die sich derart austauschen. Treten wir jedoch in die Feldflur, so wird das Grünzeug sehr schweigsam. Unseren Kulturpflanzen ist die Fähigkeit, sich ober- oder unterirdisch mitzuteilen, durch Züchtung großenteils abhandengekommen. Sie sind quasi taub und stumm und werden dadurch zu einer leichten Beute für Insekten.[5] Das ist einer der Gründe, warum die moderne Landwirtschaft so viele Spritzmittel einsetzt. Vielleicht können sich Züchter künftig ein wenig von den Wäldern abschauen und wieder mehr Wildheit und damit Geschwätzigkeit in Getreide und Kartoffeln einkreuzen.

Die Kommunikation unter Bäumen und Insekten muss sich nicht nur um Abwehr und Krankheit drehen. Dass es durchaus viele positive Signale zwischen den so unterschiedlichen Wesen gibt, haben Sie selbst wahrscheinlich auch schon bemerkt bzw. gerochen. Denn es geht um angenehme Duftbotschaften aus den Blüten. Sie verströmen das Aroma nicht etwa zufällig oder um uns zu gefallen. Obstbäume, Weiden oder Kastanien machen mit der olfaktorischen Nachricht auf sich aufmerksam und laden Bienen dazu ein, bei ihnen zu tanken. Der süße Nektar, ein konzentrierter Zuckersaft, ist die Belohnung für die Bestäubung, die von den Insekten ganz nebenbei mit erledigt wird. Auch die Blütenform und -farbe ist ein Signal, ähnlich einer Werbetafel, die sich deutlich vom grünen Allerlei der Baumkrone abhebt und den Weg zum Imbiss weist. Bäume kommunizieren demnach geruchlich, optisch und elektrisch (über eine Art Nervenzellen an den Wurzelspitzen). Und was ist mit Geräuschen, also hören und sprechen?

Wenn ich anfangs gesagt habe, dass Bäume definitiv leise sind, so können neueste Erkenntnisse selbst dies in Zweifel ziehen. Denn Monica Gagliano von der University of Western Australia hörte zusammen mit Kollegen aus Bristol und Florenz einfach mal im Boden nach.[6] Im Labor sind Bäume unpraktisch, deshalb wurden an ihrer Stelle leichter zu handhabende Getreidesämlinge untersucht. Und tatsächlich: Schon bald registrierten die Messapparaturen ein leises Knacken der Wurzeln bei einer Frequenz von 220 Hertz. Knackende

Wurzeln? Das muss noch nichts heißen, schließlich knackt selbst totes Holz spätestens dann, wenn es im Ofen verbrennt. Doch das im Labor festgestellte Geräusch ließ auch im übertragenen Sinne aufhorchen. Denn die Wurzeln unbeteiligter Keimlinge reagierten darauf. Immer dann, wenn sie einem Knacken von 220 Hertz ausgesetzt waren, orientierten sich die Spitzen in diese Richtung. Das bedeutet, dass Gras diese Frequenz wahrnehmen, sagen wir ruhig »hören« kann. Informationsaustausch über Schallwellen bei Pflanzen? Das macht neugierig auf mehr, denn da auch wir Menschen auf Schallwellenkommunikation getrimmt sind, wäre dies vielleicht ein Schlüssel, um Bäume besser verstehen zu können. Gar nicht auszudenken, was es bedeuten würde, wenn wir hören könnten, ob es Buchen, Eichen und Fichten gut geht oder was ihnen fehlt. So weit ist es aber leider noch nicht, die Forschung steht auf diesem Feld erst ganz am Anfang. Doch wenn Sie es bei Ihrem nächsten Waldspaziergang leise knacken hören, dann war das vielleicht nicht nur der Wind ...

Sozialamt

Oft schon bin ich von Gartenbesitzern gefragt worden, ob ihre Bäume nicht zu dicht nebeneinander ständen. Schließlich würden sie sich gegenseitig Licht und Wasser wegnehmen. Diese Sorge stammt aus der Forstwirtschaft: Dort sollen die Stämme möglichst schnell dick und erntereif werden, und hierfür brauchen sie viel Platz und eine gleichmäßig runde, große Krone. Dazu werden sie in regelmäßigem Turnus von fünf Jahren immer wieder von vermeintlichen Konkurrenten befreit, indem man diese fällt. Da sie nicht alt werden, sondern schon im Alter von 100 Jahren ins Sägewerk wandern, machen sich die negativen Auswirkungen auf die Baumgesundheit kaum bemerkbar. Welche negativen Auswirkungen? Klingt es nicht logisch, dass ein Baum besser wächst, wenn er von lästiger Konkurrenz befreit wird, viel Sonnenlicht in der Krone und jede Menge Wasser um die Wurzeln zur Verfügung hat? Für Exemplare, die verschiedenen Spezies angehören, trifft das tatsächlich zu. Sie kämpfen wirklich gegeneinander um die lokalen Ressourcen. Bei Bäumen derselben Art hingegen ist die Lage anders. Dass etwa Buchen zu Freundschaft fähig sind und sich sogar gegenseitig füttern, habe ich schon erwähnt. Ein Wald hat offenbar kein Interesse daran, schwächere Mitglieder zu verlieren. Dann entständen bloß Lücken, die das empfindliche Kleinklima mit seinem Dämmerlicht und der hohen Luftfeuchtigkeit stören würden. Ansonsten könnte sich aber jeder Baum frei entfalten und sein Leben individuell führen. Könnte, denn zumindest Buchen scheinen großen Wert auf ausgleichende

Gerechtigkeit zu legen. Eine Studentin fand in meinem Revier heraus, dass man in ungestörten Buchenwäldern in puncto Fotosynthese eine besondere Entdeckung machen kann. Die Bäume synchronisieren sich offenbar derartig, dass alle die gleiche Leistung erbringen. Und das ist nicht selbstverständlich. Jede Buche steht auf einem einzigartigen Platz. Ob der Boden steinig oder sehr locker ist, viel Wasser oder kaum etwas speichert, ein reiches Nährstoffangebot bereithält oder extrem karg ist – die Bedingungen können innerhalb weniger Meter stark voneinander abweichen. Entsprechend erhält jeder Baum andere Wuchsvoraussetzungen und wächst demnach schneller oder langsamer, kann also mehr oder weniger Zucker und Holz bilden. Ich schließe aus der Forschungsarbeit Folgendes: Die Bäume gleichen Schwächen und Stärken untereinander aus. Egal ob dick oder dünn, alle Artgenossen produzieren pro Blatt mithilfe des Lichts ähnlich große Mengen an Zucker. Der Ausgleich geschieht unterirdisch durch die Wurzeln. Hier findet offensichtlich ein reger Austausch statt. Wer viel hat, gibt ab, wer ein armer Schlucker ist, bekommt Hilfslieferungen. Dabei werden einmal mehr Pilze beteiligt, die mit ihrem riesigen Netzwerk wie eine gigantische Umverteilungsmaschine wirken. Das erinnert ein wenig an das Sozialhilfesystem, welches ebenfalls verhindert, dass einzelne Mitglieder unserer Gesellschaft zu tief abstürzen.

Zu dicht können die Buchen dabei gar nicht wachsen, ganz im Gegenteil. Gruppenkuscheln ist erwünscht, und oft stehen die Stämme weniger als einen Meter auseinander. Die Kronen bleiben dadurch klein und gedrängt, und selbst viele Förster meinen, dass dies den Bäumen nicht guttut. Daher werden sie durch Fällungen getrennt, sprich, die vermeintlich überflüssigen beseitigt. Doch Kollegen aus Lübeck fanden heraus, dass ein Buchenwald, dessen Mitglieder dicht stehen, produktiver ist. Ein deutlicher jährlicher Mehrzuwachs an Biomasse, vor allem Holz, ist der Beweis für die Gesundheit des Baumpulks. Zusammen lassen sich die Nährstoffe und das Wasser offenbar optimal unter allen verteilen, sodass jeder Baum zur Höchstform auflaufen kann. »Hilft« man einzelnen Exemplaren, ihre vermeintliche Konkurrenz loszuwerden, dann werden die verbleibenden Bäume zu Einsiedlern. Die Kontakte zu den Nachbarn laufen ins Leere, da dort nur noch Stümpfe stehen. Nun wurschtelt jeder vor sich hin mit der Folge, dass es zu großen Unterschieden in der Produktivität kommt. Manche Individuen betreiben wie wild Fotosynthese, dass der Zucker nur so sprudelt. Dadurch wachsen sie besser, sind fit und leben doch nicht besonders lang. Denn ein Baum kann immer nur so gut sein wie der ihn umgebende Wald. Und dort stehen nun auch viele Verlierer. Schwächere Mitglieder, die früher von den stärkeren unterstützt wurden, geraten auf einmal ins Hintertreffen. Ob es an ihrem Standort und mangelnden Nährstoffen liegt, einem temporären Unwohlsein oder ob es die genetische Ausstattung ist: Sie werden nun leichter Opfer von Insekten und Pilzen. Ist so etwas nicht im Sinne der Evolution, wo nur die Stärksten überleben? Bäume würden darüber nur den Kopf beziehungsweise die Krone schütteln. Ihr Wohl hängt von der Gemeinschaft ab, und wenn die vermeintlich kraftlosen verschwinden, dann verlieren auch die anderen. Der Wald ist nicht mehr geschlossen, heiße Sonne und stürmische Winde können bis zum Boden dringen und das feucht-kühle Klima verändern. Auch starke Bäume erkranken im Laufe ihres Lebens mehrmals und sind in solchen Situationen auf die Unterstützung schwächerer Nachbarn angewiesen. Gibt es diese nicht mehr, dann reicht ein harmloser Insektenbefall, um das Schicksal sogar von Giganten zu besiegeln.

Einen außerordentlichen Fall von Hilfe habe ich selbst einmal ins Rollen gebracht. In meinen Anfangsjahren als Förster ließ ich jüngere Buchen ringeln. Dabei wird ein Rindenstreifen in einem Meter Höhe entfernt, um den Baum zum Absterben zu bringen. Letztendlich ist dies eine Durchforstungsmethode, bei der kein Stamm abgesägt wird, sondern die verdorrten Bäume als Totholz im Wald stehen bleiben. Sie machen trotzdem mehr Platz für die Lebenden, weil ihre Kronen blattlos sind und viel Licht zu den Nachbarn durchlassen. Das klingt brutal? Finde ich auch, denn der Tod tritt mit etlichen Jahren Verzögerung ein, und deshalb würde ich so etwas künftig nicht mehr einplanen. Ich sah, wie sehr die Buchen kämpften, und vor allem, dass manche bis heute überlebt haben. Das wäre normalerweise gar nicht möglich, denn ohne Rinde kann ein Baum keinen Zucker von den Blättern in die Wurzeln leiten. So verhungern diese, stellen ihre Pumpleistung ein, und weil nun kein Wasser mehr durch das Holz des Stamms in die Krone kommt, verdorrt der ganze Baum. Viele Exemplare wuchsen aber mehr oder weniger munter weiter. Heute weiß ich, dass dies nur mithilfe der intakten Nachbarn möglich war. Diese übernahmen die unterbrochene Versorgung der Wurzeln über ihr unterirdisches Netzwerk und ermöglichten damit das Überleben ihrer Kumpel. Manche schafften es sogar, die Lücke in der Rinde wieder durch neuen Wuchs zu überbrücken, und ich gebe es zu: Ich schäme mich jedes Mal ein bisschen, wenn ich sehe, was ich damals angerichtet habe. Immerhin habe ich daraus gelernt, wie kraftvoll die Gemeinschaft der Bäume sein kann. Eine Kette ist nur so stark wie ihr schwächstes Glied – dieser alte Handwerkerspruch könnte von Bäumen erfunden worden sein. Und weil sie dies intuitiv wissen, helfen sie sich bedingungslos untereinander aus.

Liebe

Die Gemächlichkeit der Bäume kommt auch bei der Vermehrung zum Ausdruck, denn die Reproduktion wird mindestens ein Jahr im Voraus geplant. Ob es jeden Frühling zur Baumliebe kommt, hängt von der Zugehörigkeit ab. Denn während Nadelbäume möglichst jährlich ihre Samen auf Reisen schicken, verfolgen Laubbäume eine ganz andere Strategie. Bevor es ans Blühen geht, wird sich erst einmal untereinander abgestimmt. Sollte man im nächsten Frühling loslegen oder besser doch noch ein oder zwei Jahre warten? Waldbäume möchten am liebsten alle gleichzeitig blühen, denn dann können sich die Gene vieler Individuen gut mischen. Das ist bei Nadelbäumen genauso, doch Laubbäume berücksichtigen dabei noch einen weiteren Grund: Wildschweine und Rehe. Diese Tiere haben Heißhunger auf Bucheckern und Eicheln, die ihnen helfen, einen dicken Winterspeck anzufressen. Sie sind deshalb so wild auf die Früchte, weil diese bis zu 50 Prozent Öl und Stärke enthalten – mehr hat kein anderes Futter zu bieten. Oft werden im Herbst ganze Waldgebiete bis auf den letzten Krümel abgesucht, sodass im Frühjahr kaum Baumnachwuchs keimen kann. Daher stimmen sich die Bäume untereinander ab. Wenn sie nicht jedes Jahr blühen, dann können sich Schweine und Rehe nicht darauf einstellen. Ihr Nachwuchs hält sich in Grenzen, weil die trächtigen Tiere im Winter eine lange, nahrungsarme Zeit überstehen müssen, die etliche Exemplare nicht überleben. Blühen endlich alle Buchen oder Eichen auf einmal und bilden Früchte, dann vermögen die wenigen Pflanzenfresser gar nicht alles zu vertilgen, sodass immer genügend unentdeckte Samen übrig bleiben und keimen. In solchen Jahren können Wildschweine ihre Geburtenrate verdreifachen, da sie den Winter über in den Wäldern ausreichend zu fressen finden. Aus früheren Zeiten stammt der Begriff »Mastjahre«, der für Samenjahre von Buchen und Eichen verwendet wird. Damals nutzte die Landbevölkerung den Segen für die gezähmten Verwandten, die Hausschweine, und trieb sie in die Wälder. Sie sollten vor der Schlachtung mit den Wildfrüchten gemästet werden und noch einmal ordentlich Speck ansetzen. Der Wildschweinbestand bricht normalerweise im Folgejahr wieder zusammen, weil die Bäume dann ja erneut eine Auszeit nehmen und der Waldboden leer bleibt.

Dieses Blühen in Intervallen von mehreren Jahren hat ebenso gravierende Folgen für Insekten, speziell für die Bienen. Denn für sie gilt das Gleiche wie für Wildschweine: Eine mehrjährige Pause lässt ihre Bestände zusammenbrechen. Oder besser gesagt ließe, denn große Bienenpopulationen können sich nicht aufbauen. Der Grund: Echte Waldbäume pfeifen auf die kleinen Helfer. Was nützen ihnen die paar Bestäuber, wenn sie über Hunderte von Quadratkilometern Abermillionen von Blüten öffnen? Da muss man sich als Baum schon etwas anderes einfallen lassen, etwas Zuverlässigeres, das keinen Tribut verlangt. Was liegt da näher, als den Wind zu Hilfe zu nehmen? Er reißt die staubfeinen Pollen aus den Blüten und trägt sie zu den Nachbarbäumen. Luftströmungen haben übrigens noch einen weiteren Vorteil: Sie gibt es auch bei kälteren Temperaturen, selbst unter zwölf Grad, dem Wert, ab dem es Bienen zu frisch ist und sie zu Hause bleiben. Das ist wahrscheinlich der Grund, weshalb Nadelbäume ebenfalls zu dieser Strategie greifen. Sie hätten es eigentlich nicht nötig, denn sie blühen fast jedes Jahr. Wildschweine brauchen sie nicht zu fürchten, weil die kleinen Nüsschen von Fichte und Co. keine attraktive Nahrungsquelle darstellen. Es gibt zwar Vögel wie den Fichtenkreuzschnabel, der – wie der Name schon sagt – mit seinen kräftigen, gekreuzten Schnabelspitzen die Zapfen aufstemmt und die Samen frisst, doch auf die Gesamtmenge gesehen scheint das kein großes Problem zu sein. Und weil kaum ein Tier Nadelholzsamen als Winterdepot anlegen möchte, geben die Bäume ihrem potenziellen Nachwuchs Hubschrauberflügel mit auf den Weg. So sinken sie nur langsam vom Zweig und können dabei leicht von Windstößen davongetragen werden. Pausen à la Buche oder Eiche braucht ein Nadelbaum jedenfalls nicht einzulegen.

Als ob Fichten und Co. die Laubbäume bei der Paarung noch übertrumpfen wollten, erzeugen sie gewaltige Mengen an Pollen. So gewaltig, dass schon bei leichtem Wind über blühenden Nadelwäldern riesige Staubwolken wabern, die aussehen, als würde unter den Kronen ein Feuer qualmen. Dabei stellt sich unweigerlich die Frage, wie bei so einer Unordnung Inzucht vermieden werden kann. Bäume haben nur deshalb bis heute überlebt, weil sie eine große genetische Vielfalt innerhalb einer Art aufweisen. Stäuben nun alle gleichzeitig ihre Pollen aus, dann mischen sich die winzigen Körnchen aller Exemplare und durchziehen die Kronen sämtlicher Bäume. Und da die eigenen Pollen um die jeweiligen Körper herum besonders hoch konzentriert sind, ist die Gefahr groß, dass sie letztendlich auch die eigenen weiblichen Blüten befruchten. Doch genau das mögen Bäume aus dem zuvor beschriebenen Grund gar nicht. Zur Abhilfe haben sich unterschiedliche Strategien herausgebildet. Manche Arten – wie die Fichte – setzen auf den richtigen Zeitpunkt. Männliche und weibliche Blüten gehen einige Tage versetzt auf, sodass Letztere überwiegend von fremden Pollen anderer Artgenossen bestäubt werden. Vogelkirschen, die auf Insekten vertrauen, haben diese Möglichkeit nicht. Bei ihnen sitzen männliche und weibliche Geschlechtsorgane in derselben Blüte. Zudem lässt sie sich als eine der wenigen echten Waldarten von Bienen bestäuben, die systematisch die ganze Krone absuchen und dabei zwangsläufig den eigenen Pollen weiter verteilen. Doch die Kirsche ist feinfühlig und spürt, wenn die Gefahr von Inzucht droht. Der Pollen, dessen zarte Schläuche nach dem Auftreffen auf die weibliche Narbe dort eindringen und Richtung Eizelle wachsen wollen, wird geprüft. Ist es der eigene, dann werden die Ausläufer gestoppt und verkümmern. Nur fremdes, Erfolg versprechendes Erbgut wird durchgelassen und bildet später Samen und Früchte. Woran der Baum Mein und Dein unterscheiden kann? Das weiß man bis heute nicht so genau. Bekannt ist lediglich, dass tatsächlich die Gene aktiviert werden und passen müssen. Man könnte ebenso gut sagen: Der Baum kann es spüren. Hat körperliche Liebe nicht auch bei uns mehr zu bedeuten als die Ausschüttung von Botenstoffen, die wiederum Körpersekrete aktivieren? Wie sich die Paarung für Bäume anfühlt, wird wohl noch lange im Reich der Spekulationen bleiben.

Manche Arten verhindern Inzucht besonders konsequent: indem jedes Individuum nur ein Geschlecht hat. So gibt es sowohl männliche als auch weibliche Salweiden, die sich daher zwangsläufig nie mit sich selbst, sondern nur mit fremden Bäumen fortpflanzen können. Weiden sind allerdings keine echten Waldbäume. Sie verbreiten sich auf Pionierstandorten, also überall dort, wo noch kein Wald steht. Da auf solchen Flächen Tausende von blühenden Kräutern und Sträuchern wachsen, die Bienen anlocken, setzen Weiden ebenfalls auf Insekten bei der Bestäubung. Doch nun taucht ein Problem auf: Die Bienen müssen zuerst zu den männlichen Weiden fliegen, dort den Pollen mitnehmen und diesen dann zu den weiblichen Bäumen transportieren. Umgekehrt käme es ja zu keiner Befruchtung. Wie macht man das als Baum, wenn beide Geschlechter gleichzeitig blühen sollen? Wissenschaftler fanden heraus, dass dazu alle Weiden einen Lockgeruch absondern, der die Bienen herbeiruft. Sind die Tiere im Zielgebiet angekommen, dann muss es die Optik richten. Zu diesem Zweck strengen sich die männlichen Weiden mit ihren Kätzchen besonders an und lassen sie in einem hellen Gelb leuchten. Das lenkt die Aufmerksamkeit der Bienen zuerst auf sie. Haben die Insekten eine erste Zuckermahlzeit eingenommen, dann schwenken sie ab und besuchen die unscheinbar grünlichen Blüten der weiblichen Bäume.[7]

Inzucht, wie sie von Säugetieren bekannt ist – also innerhalb einer miteinander verwandten Population –, ist in allen drei genannten Fällen natürlich trotzdem möglich. Und hier kommen Wind und Bienen gleichermaßen zum Zuge. Denn beide überbrücken größere Entfernungen und bewirken so, dass zumindest ein Teil der Bäume Pollen von weit entfernten Verwandten erhält und damit den örtlichen Genpool immer wieder auffrischt. Lediglich völlig isolierte Vorkommen seltener Baumarten, bei denen nur wenige Exemplare zusammenstehen, können ihre Vielfalt verlieren, werden dadurch anfälliger und verschwinden nach einigen Jahrhunderten schließlich ganz.

Baumlotterie

Bäume leben in einem inneren Gleichgewicht. Sie teilen sich ihre Kräfte sorgfältig ein, müssen haushalten, um alle Bedürfnisse zu erfüllen. Eine Portion der Energie geht in das Wachstum. Zweige sollen verlängert werden, der Stamm muss im Durchmesser zunehmen, um das steigende Gewicht zu tragen. Etwas Reserve wird zurückgehalten, falls einmal Insekten oder Pilze den Baum attackieren, damit er sofort reagieren kann, um Abwehrstoffe in Blättern und Rinde zu aktivieren. Schlussendlich bleibt noch die Vermehrung. Bei jährlich blühenden Spezies wird dieser Kraftakt im sorgsam austarierten Kräftegleichgewicht berücksichtigt. Arten wie Buche oder Eiche jedoch, die nur alle drei bis fünf Jahre blühen, wirft ein solches Ereignis aus der Bahn. Der größte Teil der Energie ist bereits anderweitig verplant; zudem werden Eckern und Eicheln in derartigen Mengen produziert, dass alles andere dahinter zurückstehen muss. Das geht schon los mit dem Platz an den Zweigen. Blüten haben dort eigentlich kein freies Fleckchen, und daher müssen entsprechend viele Blätter ihre Planstelle frei machen. Wenn die Blüten verwelkt herabfallen, dann sehen die Bäume seltsam gerupft aus. Da verwundert es nicht, dass die Waldzustandsberichte den betreffenden Arten in solchen Jahren einen schütteren Kronenzustand attestieren. Weil sie alle zur gleichen Zeit blühen, scheint der Wald auf den ersten Blick krank.

Krank ist er zwar nicht, aber doch anfällig. Denn die Blütenfülle wird unter Einsatz der letzten Reserven hervorgebracht, und erschwerend kommt die dadurch verringerte

Blattmasse hinzu, die nun weniger Zucker produzieren kann als in Normaljahren. Davon wiederum landet der größte Teil umgewandelt zu Öl und Fett in den Samen, sodass kaum etwas für den Baum selbst und seine Wintervorräte bleibt. Ganz zu schweigen von den Energiereserven, die eigentlich zur Krankheitsabwehr vorgesehen sind. Darauf haben viele Insekten nur gewartet. So etwa der nur zwei Millimeter große Buchenspringrüssler, der nun millionenfach Eier in das frische, wehrlose Laub legt. Hier fressen seine winzigen Larven flache Gänge zwischen Ober- und Unterseite und hinterlassen braune Flecken. Der ausgewachsene Käfer nagt Löcher in die Blätter, die danach aussehen, als hätte ein Jäger mit seiner Schrotflinte darauf geschossen. In manchen Jahren sind die Buchen so stark befallen, dass sie von Weitem eher braun als grün wirken. Normalerweise würden sich die Bäume wehren, würden den Insekten die Mahlzeit im Wortsinne kräftig vergällen. Doch mit den Blüten geht ihnen die Puste aus, und so müssen sie in dieser Saison den Überfall stumm ertragen. Gesunde Exemplare stecken das weg, zumal anschließend mehrere Jahre Erholung folgen. Ist eine Buche jedoch schon vorher kränklich, dann kann ein solcher Insektenbefall das endgültige Aus einläuten. Selbst wenn der Baum dies wüsste, würde er sich nicht vom Blühen abhalten lassen. Es ist aus den Hochzeiten des Waldsterbens bekannt, dass gerade besonders ramponierte Exemplare oft blühen. Sie wollen sich wahrscheinlich schnell noch vermehren, bevor ihr genetisches Erbe mit ihrem Tod endgültig zu erlöschen droht. Einen ähnlichen Effekt rufen »Jahrhundertsommer« mit extremer Trockenheit hervor, die etliche Bäume an den Rand der Existenz bringt und sie dadurch im kommenden Jahr gemeinsam blühen lässt. Damit ist gleichzeitig klar, dass viele Eicheln und Bucheckern nicht auf einen besonders strengen bevorstehenden Winter hindeuten. Die Blüten werden schließlich noch im Sommer des Vorjahres angelegt, sodass die Fruchtfülle lediglich eine Rückschau auf das vergangene Jahr erlaubt.

Die schwachen Abwehrkräfte spiegeln sich im Herbst nochmals wider, und zwar in den Samen. So bohrt der Buchenspringrüssler auch die Fruchtknoten an, wodurch sich wohl noch Bucheckern bilden können, diese aber hohl bleiben, also taub und damit wertlos sind.

Sind die Samen vom Baum gefallen, dann hat jede Art ihre eigene Strategie, wann sie keimen. Wieso wann? Liegen die Körner im weichen, feuchten Erdreich, so müssten sie doch mit der wärmenden Frühjahrssonne gleich austreiben. Letztendlich ist jeder Tag, den die Baumembryos schutzlos auf dem Boden herumliegen, brandgefährlich. Wildschweine und Rehe haben schließlich auch im Frühling Appetit. Zumindest großfrüchtige Arten wie Buchen und Eichen machen es genau so. Der Nachwuchs startet so schnell wie möglich aus Ecker und Eichel, damit er für Pflanzenfresser weniger attraktiv wird. Und weil etwas anderes nicht eingeplant ist, haben die Samen auch keine länger anhaltende Abwehrstrategie gegen Pilze und Bakterien. Schlafmützen, die das Keimen verpassen und selbst im Sommerhalbjahr noch unverändert herumliegen, verfaulen bis zum nächsten Frühjahr. Viele andere Arten geben ihren Samen jedoch die Chance, noch ein oder mehrere Jahre zu warten, bevor es losgeht. Dabei besteht zwar ein erhöhtes Fraßrisiko, doch es gibt auch erhebliche Vorteile. So können in einem trockenen Frühling die Sämlinge verdursten – dann ist die ganze Kraft, die in den Nachwuchs gesteckt wurde, vergebens gewesen. Oder ein Reh sucht sich sein Revier und den Nahrungsschwerpunkt ausgerechnet an dem Ort, an dem der Samen landete. Die austreibenden schmackhaften Keimlingsblätter wandern dann gleich in den Magen, kaum dass sie wenige Tage alt sind. Keimt dagegen ein Teil der Samen erst nach ein oder mehreren Jahren, dann verteilen sich die Chancen so, dass auf jeden Fall einige Bäumchen daraus entstehen können. Auf genau diese Art macht es die Vogelbeere: Ihre Körnchen können bis zu fünf Jahre ruhen, ehe sie bei günstigen Bedingungen durchstarten. Als typische Pionierbaumart ist das die passende Strategie. Während Bucheckern und Eicheln stets unter ihre Mutterbäume fallen und die Keimlinge damit in einem vorhersehbaren, angenehmen Waldklima aufwachsen, können kleine Vogelbeeren überall landen. Es ist schließlich Zufall, wo der Vogel, der die herbe Frucht verzehrte, die Samen einschließlich Düngerpaket wieder ausscheidet. Ist es eine Freifläche, dann wirken sich dort Extremjahre mit besonders hohen Temperaturen und entsprechendem Wassermangel viel stärker aus als im kühl-feuchten Schatten alter Wälder. Da kann es besser sein, wenn wenigstens ein Teil der blinden Passagiere erst Jahre später zu neuem Leben erwacht.

Und nach dem Erwachen? Wie sehen die Chancen der Baumkinder aus, irgendwann einmal richtig groß zu werden und selbst Nachwuchs zu bekommen? Das lässt sich relativ leicht ausrechnen. Jeder Baum zieht, statistisch gesehen, genau einen Nachfolger groß, welcher dereinst seinen Platz einnehmen wird. Solange das nicht passiert, können die Samen zwar keimen und die jungen Schösslinge einige Jahre oder gar Jahrzehnte im Schatten vegetieren, doch irgendwann geht ihnen die Puste aus. Sie sind ja nicht die Einzigen. Dutzende anderer Jahrgänge stehen ebenfalls zu Füßen ihrer Mutter, und nach und nach geben die meisten Exemplare auf und werden wieder zu Humus. Lediglich die wenigen Glückspilze, die vom Wind oder von Tieren auf freie Fleckchen Walderde verfrachtet wurden, können dort ungebremst durchstarten und erwachsen werden.

Zurück zu den Chancen. Eine Buche produziert alle fünf

Jahre mindestens 30 000 Bucheckern (durch den Klimawandel mittlerweile sogar alle zwei bis drei Jahre, aber das lassen wir einmal außer Betracht). Ab Alter 80 bis 150, je nachdem, wie viel Licht sie an ihrem Standort bekommt, wird sie geschlechtsreif. Bei einem Höchstalter von 400 Jahren kann sie also mindestens 60-mal fruktifizieren und insgesamt rund 1,8 Millionen Bucheckern bilden. Von diesen wird genau eine zu einem ausgewachsenen Baum – und das ist für Waldverhältnisse schon eine gute Trefferquote, ähnlich einem Sechser im Lotto. Alle anderen hoffnungsvollen Embryonen werden entweder von Tieren gefressen oder von Pilzen und Bakterien zu Humus abgebaut. Rechnen wir nach dem gleichen Schema aus, welche Chancen Baumkinder im ungünstigsten Fall erwarten, etwa bei Pappeln. Die Mutterbäume produzieren jeweils bis zu 26 Millionen Samen – jährlich.[8] Wie gerne würden die Kleinen mit dem Buchennachwuchs tauschen! Denn bis die Alten abtreten, bilden diese bis über eine Milliarde Kernchen, die sich mittels eines Flaumüberzugs per Luftpost in neue Gefilde aufmachen. Und auch hier kann es rein statistisch nur einen einzigen Gewinner geben.

Immer schön langsam

Wie langsam Bäume wachsen, habe ich lange Zeit selbst nicht gewusst. In meinem Revier stehen junge Buchen, die zwischen ein und zwei Meter hoch sind. Ich hätte ihnen früher ein Alter von maximal zehn Jahren attestiert. Als ich begann, mich mit den Geheimnissen abseits der Forstwirtschaft zu beschäftigen, habe ich jedoch genauer hingeschaut. Das Alter jüngerer Buchen lässt sich gut anhand der kleinen Knoten auf den Zweigen abschätzen. Diese Knoten sind winzige Verdickungen, die wie ein Stapel feinster Falten aussehen. Sie bilden sich jedes Jahr unterhalb der Knospen, und wenn diese im nächsten Frühjahr austreiben und der Zweig dadurch länger wird, bleibt der Knoten zurück. Jahr für Jahr geschieht das Gleiche, und so ist die Anzahl der Knoten identisch mit dem Alter. Wenn der Zweig dicker als drei Millimeter wird, dann verschwinden die Knoten in der sich ausdehnenden Rinde.

Bei den von mir untersuchten Jungbuchen stellte sich heraus, dass schon ein einziges 20 Zentimeter langes Ästchen 25 solcher Verdickungen aufwies. An dem zentimeterdicken Stämmchen waren zwar keine Altershinweise mehr zu entdecken, aber wenn ich das Zweigalter vorsichtig auf das Gesamtalter hochrechnete, dann musste das Bäumchen mindestens 80 Jahre alt sein, vielleicht sogar viel älter. Das kam mir damals unglaublich vor, bis ich mich näher mit dem Thema Urwald beschäftigte. Seitdem weiß ich: Das ist völlig normal. Kleine Bäume würden so gerne schnell wachsen, und ein Höhentrieb von einem halben Meter pro Saison wäre überhaupt kein Problem. Leider haben die eigenen Mütter etwas dagegen. Sie überschirmen mit ihren riesigen Kronen den gesamten Nachwuchs und bilden mit anderen erwachsenen Bäumen ein dichtes Dach über dem Wald. Dieses lässt nur drei Prozent des Sonnenlichts auf den Boden bzw. die Blätter ihrer Kinder dringen. Drei Prozent – das ist praktisch nichts. Damit kann man gerade mal so viel Fotosynthese betreiben, dass der eigene Körper nicht abstirbt. Einen anständigen Trieb nach oben, gar ein dickeres Stämmchen, ist so nicht drin. Eine Rebellion gegen diese drastische Erziehung ist nicht möglich, weil dazu die Energie fehlt. Erziehung? Ja, es handelt sich tatsächlich um eine pädagogische Maßnahme, die nur dem Wohl der Kleinen dient. Der Begriff ist übrigens nicht aus der Luft gegriffen, sondern wird von Förstern schon seit Generationen auf diesen Sachverhalt angewendet.

Das Mittel der Erziehung ist die Lichtdrosselung. Doch wozu dient diese Beschränkung? Möchten Eltern nicht, dass der eigene Nachwuchs so schnell wie möglich selbstständig wird? Zumindest Bäume würden dies vehement verneinen und bekommen dabei neuerdings Unterstützung aus der Wissenschaft. Sie hat festgestellt, dass ein langsames Jugendwachstum Voraussetzung für das Erreichen eines hohen Alters ist. Wir Menschen verlieren leicht den Blick dafür, was wirklich alt ist, denn die moderne Forstwirtschaft peilt nur ein Höchstalter von 80–120 Jahren an, bis die gepflanzten Bäume gefällt und verwertet werden. Unter natürlichen Verhältnissen sind die Bäume dann allerdings erst bleistiftdick und mannshoch. Ihre Holzzellen im Inneren sind durch das langsame Wachstum sehr klein und enthalten wenig Luft. Das macht sie flexibel und widerstandsfähig gegen Brüche durch Stürme. Noch wichtiger ist die erhöhte Resistenz gegen Pilze, die sich in dem zähen Stämmchen kaum ausbreiten können. Verletzungen sind für solche Bäume nicht dramatisch, weil sie die Wunden in Ruhe überwallen, also mit Rinde verschließen können, ohne dass gleich eine Fäulnis entsteht. Eine gute Erziehung ist Garant für ein langes Leben, doch manchmal wird die Geduld der Baumkinder arg strapaziert. »Meine« kleinen Buchen, die ja schon mindestens 80 Jahre gewartet haben, stehen unter rund 200-jährigen Mutterbäumen. Auf menschliche Maßstäbe umgerechnet entspräche das einer 40-Jährigen. Möglicherweise müssen die Zwerge noch weitere zwei Jahrhunderte vor sich hin vegetieren, ehe sie endlich zum Zuge kommen. Die Wartezeit wird allerdings versüßt. Über die Wurzeln nehmen ihre Mütter Kontakt mit ihnen auf und geben ihnen Zucker und andere Nährstoffe ab. Man könnte auch sagen: Die Baumbabys werden gestillt.

Ob Jungbäume warten oder gerade dabei sind, schnell an Höhe zu gewinnen, können Sie selbst beobachten. Schauen Sie sich dazu die Ästchen einer kleinen Weißtanne oder Buche an. Sind die seitlichen deutlich länger als der senkrechte Haupttrieb, dann ist der Nachwuchs im Wartemodus. Das aktuelle Licht reicht nicht für die Energie, ein längeres Stämmchen zu bilden, und daher versuchen die Kleinen, lieber die wenigen Reststrahlen möglichst effektiv einzufangen. Dazu breiten sie ihre Äste schön waagerecht aus und entwickeln daran spezielle, sehr empfindliche und dünne Schattenblätter und -nadeln. Oft ist bei solchen Bäumchen überhaupt keine Spitze mehr zu erkennen; sie sehen eher aus wie ein flachkroniger Bonsai.

Eines Tages ist es endlich so weit. Der Mutterbaum hat die Altersgrenze erreicht oder ist krank geworden. Möglicherweise kommt es dann bei einem Sommergewitter zum Showdown. Im prasselnden Platzregen hält der morsche Stamm die tonnenschwere Krone nicht mehr und bricht splitternd auseinander. Wenn der Baum auf den Boden aufschlägt, erwischt es auch ein paar wartende Sämlinge. Der Rest des

Kindergartens bekommt durch die entstandene Lücke ein Startsignal, denn nun können sie nach Herzenslust Fotosynthese betreiben. Wie Suzanne Simard, Wissenschaftlerin an der Universität von British Columbia, herausgefunden hat, geben die sterbenden Mutterbäume ihre letzten Reserven über die Wurzeln an ihren Nachwuchs weiter und erleichtern ihm damit die Umstellung. Solche Umstellungen gibt es reichlich, denn durch die neue Lichtsituation muss der Stoffwechsel umschalten, müssen Blätter und Nadeln gebildet werden, die stärkeres Licht aushalten und verarbeiten können. Das dauert zwischen ein und drei Jahren. Ist das erledigt, dann heißt es sich sputen. Alle Kleinen wollen nun wachsen, und nur diejenigen, welche ohne Umschweife schnurgerade nach oben treiben, bleiben im Rennen. Kobolde dagegen, die meinen, sie könnten erst einmal lustig nach links oder rechts abbiegen und trödeln, ehe auch sie nach oben streben, haben schlechte Karten. Sie werden von ihren Kameraden überwachsen und landen unter ihnen erneut im Dämmerlicht. Der Unterschied: Unter den Blättchen des vorbeigezogenen Nachwuchses ist es noch dunkler als unter der Mutter, denn der Kindergarten verbraucht von dem schwachen Restlicht den größten Teil. Daher hauchen die Nachzügler ihr Lebenslicht aus und werden wieder zu Humus.

Auf dem Weg nach oben lauern noch weitere Gefahren. Denn sobald helles Sonnenlicht die Fotosynthese anheizt und das Wachstum fördert, enthalten die Knospen der Schösslinge mehr Zucker. Im Wartestand waren es zähe, bittere Pillen, nun jedoch leckere Pralinen – zumindest aus der Sicht der Rehe. Daher fällt ein Teil der Baumkinder diesen Pflanzenfressern zum Opfer, die sich mit den zusätzlichen Kalorien über den nächsten Winter retten. Doch da die Schar riesengroß ist, bleiben noch genügend für den weiteren Aufstieg übrig.

Wo für einige Jahre plötzlich mehr Licht ist, da versuchen

auch Blütenpflanzen ihr Glück, darunter das Wald-Geißblatt. Es hangelt sich mit seinen Ranken die Stämmchen hinauf, indem es sich immer schön rechts herum (also im Uhrzeigersinn) windet. So kann es mit dem Wachstum des Baumnachwuchses mithalten und seine Blüten in die Sonne recken. Allerdings wachsen seine gewundenen Triebe mit den Jahren in die Rinde ein und würgen die Bäumchen allmählich ab. Nun ist es eine Frage des Glücks: Schließt sich das Kronendach der Altbäume nach einiger Zeit wieder, wird es erneut dunkel? Dann stirbt das Geißblatt ab, und es bleiben lediglich Narben zurück. Hält die Lichtfülle aber länger an, vielleicht, weil der absterbende Mutterbaum besonders groß war und dadurch eine entsprechende Lücke aufgetan hat, dann kann ein befallener Jungbaum erstickt werden. Er ist anschließend nur noch für uns Menschen eine Freude, denn sein Holz lässt sich zu bizarr gedrehten Spazierstöcken verarbeiten.

Wer alle Hindernisse überwunden hat und schön schlank weiterwächst, wird allerdings nach spätestens 20 Jahren auf die nächste Geduldsprobe gestellt. So lange dauert es, bis die Nachbarn des toten Mutterbaums mit ihren Ästen in die Lücke hineingewachsen sind. Sie nutzen dabei ebenfalls ihre Chance, auf ihre alten Tage noch ein wenig zusätzlichen Platz für die Fotosynthese zu gewinnen und ihre Krone auszubauen. Ist im Obergeschoss alles zugewachsen, dann wird es unten wieder dunkel. Die jungen Buchen, Tannen oder Fichten haben jetzt erst den halben Weg zurückgelegt und müssen nun erneut warten, bis einer dieser großen Nachbarn das Handtuch wirft. Das kann viele Jahrzehnte dauern, doch immerhin sind in diesem Stadium die Würfel schon gefallen. Alle, die es in die mittlere Etage geschafft haben, werden durch keine Konkurrenz mehr bedroht, sondern sind die Kronprinzen und -prinzessinnen, die bei der nächsten Gelegenheit endlich erwachsen werden dürfen.

Der Baumknigge

Im Wald gibt es einen ungeschriebenen Knigge für Bäume. Er schreibt vor, wie man als richtiges Urwaldmitglied auszusehen hat und was zu tun oder zu lassen ist. Ein folgsames, ausgewachsenes Laubbaum-Exemplar sieht wie folgt aus: Es hat einen schnurgeraden Stamm mit einem gleichmäßigen inneren Verlauf der Holzfasern. Die Wurzeln breiten sich schön symmetrisch nach allen Richtungen aus und streben unter dem Baum in die Tiefe. Die seitlichen Äste am Stamm waren in der Jugend sehr dünn, sind nun längst abgestorben und wurden mit frischer Rinde und neuem Holz verschlossen, sodass sich eine lange, glatte Säule präsentiert. Erst am oberen Ende bildet sich eine gleichmäßige Krone aus starken Ästen, die wie zum Himmel gereckte Arme schräg aufwärts zeigen. Ein solcher Idealbaum vermag sehr alt zu werden. Bei Nadelbäumen gelten ähnliche Regeln, nur dass die Kronenäste waagerecht oder leicht nach unten gebogen sein dürfen. Und wozu das Ganze? Sind Bäume etwa heimliche Ästheten? Das kann ich Ihnen leider auch nicht sagen, aber für das ideale Aussehen gibt es einen guten Grund: die Stabilität. Die großen Kronen ausgewachsener Bäume sind stürmischen Winden, heftigen Regenschauern und schweren Schneelasten ausgesetzt. Diese Kräfte müssen abgefedert und über den Stamm an die Wurzeln geleitet werden, die das meiste auszuhalten haben und verhindern, dass der Baum umkippt. Dazu krallen sie sich im Erdreich und an Steinen fest. Mit einer Energie, die bis zu 200 Tonnen Zuggewicht entspricht, kann die umgelenkte Gewalt eines Orkans am Stammfuß zerren.[9]

Gibt es irgendwo im Baum eine Schwachstelle, so kommt es zu Rissen und im schlimmsten Fall zum Abbruch des Stamms und damit der ganzen Krone. Gleichmäßig geformte Bäume federn auftreffende Kräfte ebenso gleichmäßig ab, indem sie diese überall in ihrem Körper ableiten und verteilen.

Wer sich jedoch nicht an den Knigge hält, bekommt Probleme. Ist der Stamm beispielsweise gebogen, so hat er schon im Ruhezustand Beschwerden. Die enorme Last der Krone wird nicht über den ganzen Stammdurchmesser verteilt, sondern drückt einseitig auf das Holz. Damit es nicht einknickt, muss der Baum es hier verstärken, was an besonders dunklen Jahresringen zu erkennen ist (hier ist weniger Luft und mehr Substanz eingelagert). Noch ungünstiger ist es, wenn zwei Haupttriebe gebildet werden. Solche Bäume nennt man Zwiesel. Bei diesen gabelt sich der Stamm in einer bestimmten Höhe und wächst fortan im Doppelpack weiter. Bei heftigem Wind schwanken diese zwei Teile, die ja jeweils ihre eigene Krone haben, unterschiedlich hin und her und belasten dabei die Gabelungsstelle sehr stark. Ist dieser Übergangsbereich wie eine Stimmgabel oder ein »U« geformt, dann passiert meist nichts. Wehe jedoch, der Zwiesel ist wie ein »V« geformt, läuft also sehr spitz zusammen. Dann reißt er am tiefsten Punkt, wo beide Teilstämme entspringen, immer wieder auf. Weil das für den Baum sehr schmerzhaft ist, bildet er hier dicke Wülste aus Holz, um ein weiteres Einreißen zu verhindern. Meist ist dies allerdings vergeblich, und an dieser Stelle sickert ständig Flüssigkeit heraus, die durch Bakterien schwarz verfärbt ist. Zu allem Unglück sammelt sich auch noch Wasser, welches in den Spalt eindringt und eine Fäule hervorruft. Bei vielen Zwieseln bricht daher der Baum eines Tages auseinander, wobei die stabilere Hälfte stehen bleibt. Dieser halbe Baum kann dann noch einige Jahrzehnte überleben, viel länger jedoch nicht. Die riesige offene Wundfläche vermag nicht mehr zu verheilen, weshalb Pilze sein Inneres nun langsam auffressen.

Manche Bäume haben sich scheinbar Bananen als Vorbild für ihre Stammform gewählt. Sie wachsen unten sehr schräg und scheinen sich erst später wieder nach oben orientiert zu haben. Auf den Baumknigge pfeifen sie, und offensichtlich sind sie damit nicht allein: Oft verhalten sich ganze Waldabschnitte gleich. Sind hier die Naturgesetze außer Kraft gesetzt?

Ganz im Gegenteil, es ist die umgebende Natur, die die Bäume zu solchen Wuchsformen zwingt. So etwa in den Hochlagen der Berge kurz vor der Baumgrenze. Im Winter liegt der Schnee häufig meterhoch und kommt oft ins Rutschen. Es müssen noch nicht einmal Lawinen sein, denn auch im Ruhezustand gleitet der Schnee ganz langsam und für unser Auge nicht sichtbar talwärts. Dabei biegt er die Bäume um, zumindest die jungen. Bei den Kleinsten ist das nicht tragisch, denn sie richten sich nach der Schneeschmelze einfach wieder auf, ohne Blessuren davonzutragen. Bei Halbwüchsigen jedoch, gerade einige Meter hoch gewachsen, wird der Stamm beschädigt. Im schlimmsten Fall bricht er ab, ansonsten bleibt eine Schrägstellung. Aus dieser Lage versuchen die Bäume, wieder senkrecht nach oben zu kommen. Und da ein Baum nur an der Spitze wachsen kann, bleibt das untere schiefe Ende in seiner Position. Im folgenden Winter werden die Bäume wieder etwas schief gedrückt, der nächste Jahrestrieb zeigt jedoch ebenfalls senkrecht nach oben.

Geht das Spiel über viele Jahre, so bildet sich allmählich ein Baum, der säbelförmig gebogen ist. Erst mit zunehmendem Alter wird der dicke Stamm so stabil, dass normaler Schnee kein Unheil mehr anrichten kann. Der untere »Säbel« bleibt in seiner Form, während der obere Teil des Stamms, nun nicht mehr gestört, wie bei normalen Bäumen schön gerade ist.

So etwas kann Bäumen auch ohne Schnee passieren, allerdings ebenfalls in Hanglagen. Hier ist es manchmal der Boden, der über viele Jahre hinweg in extremer Langsamkeit zu Tale gleitet. Oft sind es nur wenige Zentimeter, die das Erdreich zurücklegt. Dabei rutschen die Bäume langsam mit und kippen, während sie gleichzeitig weiter nach oben wachsen.

Ganz extrem ist so etwas in Alaska oder Sibirien zu beobachten, wo im Zuge des Klimawandels die Permafrostböden auftauen. Die Bäume verlieren den Halt und geraten im matschigen Untergrund völlig aus dem Lot. Und da jedes Exemplar in eine andere Richtung kippt, sieht der Wald aus wie eine Gruppe Betrunkener, die durch die Gegend torkeln. Folgerichtig nennen Wissenschaftler solche Bäume »drunken trees«.

An Waldrändern sind die Regeln für den geraden Wuchs der Stämme nicht mehr ganz so streng. Hier gibt es Licht von der Seite, von einer Wiese oder einem See, auf dem nun mal keine Bäume wachsen. Kleinere Exemplare können unter großen Bäumen ausweichen, indem sie in Richtung der offenen Fläche wachsen. Speziell Laubbäume können durch einen extrem schiefen Stamm ihre Krone um bis zu zehn Meter verlagern, indem sie den Haupttrieb fast waagerecht abbiegen lassen. Natürlich wird der Baum dadurch bruchgefährdet, etwa dann, wenn viel Schnee fällt und die Hebelgesetze ihren Tribut verlangen. Doch ein verkürztes Leben mit genügend Licht zur Fortpflanzung ist immer noch besser als keins. Während die meisten Laubbäume solche Chancen nutzen, sind die meisten Nadelbäume stur. Es wird gerade gewachsen, basta! Immer schön entgegen der Erdanziehungskraft, also stracks senkrecht nach oben, damit der Stamm perfekt geformt und stabil bleibt. Lediglich die Seitenäste können am Waldrand zum Licht hin deutlich dicker und länger werden, das war's aber auch schon. Einzig die Kiefer ist vorwitzig und verlagert gierig ihre Krone. Kein Wunder, dass sie die Nadelbaumart mit der höchsten Rate an Schneebruch ist.

Baumschule

Durst ist für Bäume schlechter zu ertragen als Hunger, denn diesen können sie jederzeit abstellen. Wie ein Bäcker, der stets genug Brot hat, können sie durch die Fotosynthese jedes Magenknurren sofort beenden. Doch der beste Bäcker kann ohne Wasser nichts backen, und auch für Bäume ist ohne Feuchtigkeit mit der Nahrungsmittelproduktion Schluss. Eine ausgewachsene Buche kann pro Tag über 500 Liter Wasser durch ihre Zweige und Blätter jagen, und solange sie von unten genug nachziehen kann, tut sie das auch.[10] Die Bodenfeuchtigkeit wäre allerdings rasch erschöpft, wenn das im Sommer jeden Tag so ginge. In der warmen Jahreszeit regnet es viel zu wenig nach, um das austrocknende Erdreich wieder aufzufüllen. Daher wird im Winter getankt: Jetzt regnet es überreichlich, und der Verbrauch ist zu dieser Zeit auf null zurückgegangen, da fast alle Pflanzen Pause machen. Zusammen mit den unterirdisch gespeicherten Frühjahrsniederschlägen reicht das gesammelte Nass meist bis zum Sommeranfang. Doch danach wird es in vielen Jahren knapp. Eine Hitzeperiode von zwei Wochen ohne Regen, und die meisten Wälder geraten in Bedrängnis. Das trifft vor allem auf die Bäume zu, die auf besonders gut wasserversorgten Böden stehen. Sie kennen keine Einschränkung im Verbrauch und gehen verschwenderisch mit der Flüssigkeit um, und meist sind es die kräftigsten, größten Exemplare, die irgendwann dafür büßen müssen. In meinem Revier sind es vor allem Fichten, die dann platzen. Allerdings nicht aus allen Nähten, sondern am Stamm. Ist der Boden ausgetrocknet und verlangen die

Nadeln oben in der Krone trotzdem mehr, dann wird die Spannung im austrocknenden Holz irgendwann einfach zu groß. Es knistert und knallt, und ein meterlanger Riss erscheint auf der Rinde. Er zieht sich bis tief ins Gewebe und verletzt den Baum dadurch schwer. Denn durch den Spalt dringen sofort Pilzsporen bis ins Innerste vor und beginnen mit ihrem zerstörerischen Werk. In den kommenden Jahren versucht die Fichte zwar, diese Wunde zu reparieren, doch sie geht immer wieder auf. Schon von Weitem ist die schwarze, verharzte Rinne zu erkennen, die von dem schmerzhaften Prozess kündet.

Und damit sind wir mitten in der Baumschule angekommen. Hier herrscht leider immer noch eine gewisse Gewalt, denn die Natur ist eine strenge Lehrerin. Wer nicht achtsam ist und sich anpasst, der muss leiden. Risse im Holz, in der Rinde, im extrem empfindlichen Kambium: Viel schlimmer kann es für einen Baum nicht kommen. Er muss reagieren, und zwar nicht nur durch den Versuch, die Wunde zu verschließen. Fortan wird das Wasser besser eingeteilt, nicht gleich im Frühjahr ohne Rücksicht auf Verluste alles heraufgepumpt, was der Boden hergibt. Die Bäume lernen regelrecht dazu und behalten fortan dieses neue, sparsame Verhalten bei, selbst wenn das Erdreich feucht genug ist – man weiß ja nie! Dass es gerade Fichten auf wasserreichen Böden trifft, ist kein Wunder: Sie sind verwöhnt. Schon einen Kilometer weiter, in einem steinigen, trockenen Südhang, sieht die Lage ganz anders aus. Hier hätte ich zuerst Schäden durch starke Sommertrockenheit erwartet. Das Gegenteil ist zu beobachten. Die zähen Asketen, die hier stehen, halten viel mehr aus als ihre wasserverwöhnten Kollegen. Obwohl hier das ganze Jahr viel weniger Wasser zur Verfügung steht, weil der Boden weniger speichert und die Sonne viel heißer brennt, geht es den Fichten gut. Sie wachsen wesentlich langsamer, teilen sich das wenige Wasser offensichtlich besser ein und überstehen selbst Extremjahre noch ganz gut.

Ein viel offensichtlicherer Lernprozess ist die eigene Standfestigkeit. Bäume machen es sich nicht gern unnötig schwer. Warum einen dicken, stabilen Stamm bilden, wenn man sich bequem an den Nachbarbäumen abstützen kann? Solange diese stehen bleiben, kann nicht viel passieren. Doch in Mitteleuropa rückt alle paar Jahre ein Waldarbeitertrupp oder eine Erntemaschine an, um zehn Prozent des Holzes zu ernten. In natürlichen Wäldern ist es der Alterstod eines mächtigen Mutterbaums, der seine Umgebung haltlos zurücklässt. So entstehen Lücken im Kronendach, und so manch bequeme Buche oder Fichte steht plötzlich wackelig auf eigenen Beinen bzw. Wurzeln da. Nun sind Bäume nicht eben für ihre Schnelligkeit bekannt, und so dauert es drei bis zehn Jahre, bis sie nach solch einer Umstellung wieder sicher stehen. Der Lernprozess wird durch schmerzhafte Mikrorisse angestoßen, die durch das starke Hin- und Herbiegen im Wind entstehen. Wo es wehtut, muss man als Baum sein Knochengerüst verstärken. Das kostet jede Menge Energie, die dann erst einmal für das Höhenwachstum fehlt. Ein kleines Trostpflaster ist das zusätzliche Licht, das durch den Ausfall des Nachbarn nun für die eigene Krone zur Verfügung steht. Doch auch hier dauert es einige Jahre, bis es voll genutzt werden kann. Die Blätter waren ja bisher noch auf Dämmerlicht eingestellt, mithin sehr zart und besonders lichtempfindlich. Scheint nun direkt die pralle Sonne darauf, dann verbrennen sie teilweise – noch mal aua! Und da die Knospen für das kommende Jahr schon im Frühjahr und Sommer der Vorsaison angelegt werden, ist für Laubbäume eine Umstellung frühestens nach zwei Vegetationsperioden geschafft. Nadelbäume brauchen noch länger, da ihre Nadeln bis zu sieben Jahre am Ast bleiben. Erst wenn alles Grün durchgewechselt ist, entspannt sich die Situation. Wie dick und stabil ein Stamm wird, hängt also davon ab, ob nichts zwickt und zwackt. Dieses Spielchen kann sich in natürlichen Wäldern mehrmals in einem Baumleben wiederholen. Ist die Lücke, die durch den Wegfall eines anderen entstanden ist, verwunden, haben alle ihre Krone so weit ausgebaut, dass sich das Lichtfenster im Wald wieder schließt, dann kann man sich ja erneut aneinander anlehnen. Und so wird mehr Energie in das Höhenwachstum als in das Dickenwachstum gesteckt, mit den bekannten Folgen, wenn Jahrzehnte später der nächste Baum sein Leben aushaucht.

Noch einmal zurück zum Thema »Schule«. Wenn Bäume lernfähig sind (und dies ist gut zu beobachten), dann stellt sich die Frage, wo sie das erlernte Wissen speichern und wieder abrufen können. Schließlich haben sie kein Gehirn, das als Datenbank fungiert und alle Prozesse steuert. Das gilt für alle Pflanzen, daher sind manche Forscher skeptisch, und viele Förster würden eine Lernfähigkeit der Flora ins Reich der Fantasie verweisen. Wäre da nicht wieder die australische Wissenschaftlerin Dr. Monica Gagliano. Sie forschte an Mimosen, tropischen Halbsträuchern. Sie eignen sich deshalb gut als Forschungsobjekte, weil man sie offensichtlich ein wenig ärgern kann und sie sich leichter im Labor untersuchen lassen als Bäume. Bei Berührung schließen sich ihre gefiederten Blättchen schützend. In einem Versuchsaufbau ließ man auf das Laub der Pflanzen regelmäßig einzelne Wassertropfen fallen. Anfangs schlossen sich die Blätter sofort ängstlich, doch nach einiger Zeit hatten die Sträucher gelernt, dass von dem Nass keine Gefahr einer Beschädigung ausging. Fortan blieben die Blätter trotz der Tropfen offen. Noch überraschender war für Gagliano, dass die Mimosen ihre Lektion selbst nach Wochen ohne weitere Tests behalten hatten und anwenden konnten.[11] Schade, dass man nicht ganze Buchen oder Eichen ins Labor verfrachten kann, um dem Lernen weiter auf die Spur zu kommen. Zumindest in Sachen Wasser gibt es aber auch eine Freilandforschung, die neben der Verhaltensänderung noch etwas anderes zutage förderte: Tritt starker Durst ein, dann fangen Bäume an zu schreien. Wenn Sie jetzt im Wald unterwegs sind, können Sie allerdings nichts davon hören, denn das Ganze spielt sich im Ultraschallbereich ab. Forscher der Eidgenössischen Forschungsanstalt für Wald, Schnee und Landschaft in der Schweiz zeichnen die Töne auf und erklären sie so: Wenn der Wasserstrom von den Wurzeln zu den Blättern im Stamm abreißt, entstehen Schwingungen. Dies ist ein rein mechanischer Vorgang und hat wahrscheinlich keine Bedeutung.[12] Oder doch? Man weiß ja nur, wie die Töne entstehen, und wenn wir unsere eigene Schallproduktion unter die Lupe nehmen, bleibt auch nichts Besonderes übrig: Der Luftstrom aus der Luftröhre bringt die Stimmbänder zum Schwingen. Und wenn ich an die Forschungsergebnisse bezüglich der knackenden Wurzeln denke, dann könnte es durchaus sein, dass diese Schwingungen weit mehr sind, nämlich Durstschreie. Vielleicht sind sie sogar eine dringende Warnung an die Kollegen, dass das Wasser zur Neige geht.

Gemeinsam geht's besser

Bäume sind sehr sozial eingestellt und helfen sich gegenseitig. Doch für ein erfolgreiches Bestehen im Ökosystem Wald reicht das noch nicht aus. Jede Baumart versucht, sich mehr Platz zu verschaffen, ihre Leistung zu optimieren und dadurch andere Spezies zu verdrängen. Neben dem Licht ist es der Kampf um das Wasser, der letztlich das Rennen entscheidet. Baumwurzeln sind sehr gut in der Erschließung von feuchtem Boden. Ihre Wurzeln bilden dazu feine Härchen aus, um ihre Oberfläche zu vergrößern und so viel wie möglich aufzusaugen. Unter normalen Umständen reicht das auch aus, doch mehr ist immer besser. Daher haben sich Bäume schon vor Jahrmillionen mit Pilzen verbündet. Pilze sind merkwürdige Wesen. Auf sie passt unsere pauschale Einteilung der belebten Umwelt in Tiere und Pflanzen nicht. Pflanzen erzeugen per definitionem ihre Nahrung aus unbelebter Materie selber, sind also völlig unabhängig. Kein Wunder, dass auf kargen, blanken Böden zunächst grüne Vegetation auftauchen muss, bevor Tiere nachfolgen können. Diese müssen nämlich grundsätzlich andere Lebewesen verspeisen, um zu überleben. Nebenbei gesagt gefällt es weder dem Gras noch jungen Bäumchen, wenn Kühe oder Rehe an ihnen herumfressen. Ob ein Wolf ein Wildschwein reißt oder ein Hirsch einen Eichensämling abfrisst, in beiden Fällen kommt es zu Schmerz und Tod. Pilze hängen irgendwie dazwischen. Ihre Zellwände sind aus Chitin aufgebaut und gleichen in der Substanz damit eher Insekten, bei Pflanzen ist die Substanz nie zu finden. Zudem können sie keine Fotosynthese betreiben, sondern sind auf organische Verbindungen anderer Lebewesen angewiesen, die sie fressen können. Im Laufe der Jahrzehnte dehnt sich ihr unterirdisches Wattegeflecht, das Myzel, immer weiter aus. So bringt es ein Hallimasch in der Schweiz auf knapp einen halben Quadratkilometer Größe und ein Alter von rund 1000 Jahren.[13] Ein anderer im US-Bundesstaat Oregon wird gar auf 2400 Jahre geschätzt und erreicht dabei eine Ausdehnung von neun Quadratkilometern und ein Gewicht von 600 Tonnen.[14] Pilze sind somit die größten bekannten Lebewesen der Erde; die eben genannten Giganten sind allerdings Baumfeinde, weil sie diese bei ihrem Beutezug auf der Suche nach fressbarem Gewebe abtöten. Schauen wir uns daher lieber friedliche Pilz/Baum-Gespanne an. Mithilfe des Myzels einer passenden Art für den jeweiligen Baum, etwa dem Eichenreizker und der Eiche, kann dieser seine wirksame Wurzeloberfläche vervielfachen, kann also erheblich mehr Wasser und Nährstoffe ansaugen. In Pflanzen, die mit Pilzpartnern kooperieren, sind doppelt so viel lebensnotwendiger Stickstoff und Phosphor zu finden wie in Exemplaren, die allein mithilfe ihrer eigenen Wurzeln im Erdreich saugen. Um eine Partnerschaft mit einer der über tausend Arten einzugehen, muss der Baum sehr offen sein. Und zwar im Wortsinne, denn die Pilzfäden wachsen in die zarten Feinwurzeln hinein. Ob das schmerzt, ist nicht erforscht, aber da es eine erwünschte Aktion ist, vermute ich, dass es beim Baum eher positive Gefühle auslöst. Wie auch immer, fortan arbeiten beide Partner zusammen. Der Pilz durchdringt und umschließt nicht nur die Wurzeln, sondern lässt sein Geflecht durch den umliegenden Waldboden streifen. Dabei überschreitet er den normalen Ausbreitungsbereich der Wurzeln und wächst auch zu anderen Bäumen hinüber. Hier verbindet er sich mit deren Pilzpartnern und deren Wurzeln. Es entsteht ein Netzwerk, über das nun munter Nährstoffe (siehe Kapitel »Sozialamt«)

und sogar Informationen ausgetauscht werden, etwa über bevorstehende Insektenattacken. Pilze sind demnach so etwas wie das Internet des Waldes. Und eine derartige Verkabelung hat ihren Preis. Wie wir wissen, sind diese Wesen auf Nährstoffe anderer Arten angewiesen, da sie in vielem eher Tieren ähneln. Ohne Nahrungszufuhr würden sie schlichtweg verhungern. Also verlangen sie eine Bezahlung in Form von Zucker und anderen Kohlenhydraten, die der Partnerbaum zu liefern hat. Dabei sind die Pilze nicht gerade zimperlich in ihren Ansprüchen. Bis zu einem Drittel der gesamten Produktion fordern sie für ihre Dienste![15] Logisch, dass man in solch einer Situation der Abhängigkeit nichts mehr dem Zufall überlassen möchte. Und daher beginnen die zarten Gespinste, die von ihnen eingehüllten Wurzelspitzen zu manipulieren. Zunächst lauschen sie erst einmal, was der Baum über seine unterirdischen Ausläufer so zu erzählen hat. Je nachdem, ob es für sie nützlich ist, beginnen die Pilze dann, Pflanzenhormone zu produzieren, die das Zellwachstum in ihrem Sinne regeln.[16] Für die reiche Entlohnung mit Zucker gibt es noch ein paar Zusatzleistungen gratis obendrauf, so etwa eine Filterfunktion gegen Schwermetalle. Diese würden den Wurzeln gar nicht guttun, machen aber den Pilzen weniger aus. Die ausgesonderten Schadstoffe tauchen dann in jedem Herbst in den hübschen Fruchtkörpern auf, die wir als Steinpilze oder Maronenröhrlinge mit nach Hause nehmen. Kein Wunder, dass etwa das radioaktive Cäsium, welches sich noch von der Reaktorkatastrophe in Tschernobyl im Jahr 1986 im Erdreich befindet, bevorzugt in Pilzen zu finden ist.

Gesundheitsdienste sind ebenfalls mit im Angebot. Ob Attacken von Bakterien oder zerstörerischen Pilzkollegen, alle Eindringlinge werden von den zarten Gespinsten abgewehrt. Pilze können zusammen mit ihren Bäumen ein Alter von vielen Hundert Jahren erreichen, solange es ihnen gut geht. Verändern sich jedoch die Umweltbedingungen, etwa durch Luftschadstoffe, dann hauchen sie ihr Leben aus. Doch ihre Partner trauern nicht lange, sondern setzen ganz einfach auf eine andere Art, die es sich nun zu ihren Füßen gemütlich macht. Jeder Baum hat mehrere Pilzoptionen, und erst wenn die letzte dahinscheidet, geht es ihm wirklich schlechter. Pilze sind da noch empfindlicher. Viele Arten suchen sich den passenden Baum selbst aus, und haben sie ihn für sich reserviert, dann sind sie mit ihm auf Gedeih und Verderb verbunden. »Wirtsspezifisch« nennt man die Eigenschaft solcher Spezies, die etwa nur Birken oder Lärchen mögen. Andere, wie der Pfifferling, kommen mit vielen Bäumen zurecht: Ob Eiche, Buche oder Fichte, Hauptsache, es ist noch ein unterirdisches Plätzchen frei. Und die Konkurrenz ist groß: Es gibt allein in Eichenwäldern über 100 verschiedene Arten, die teilweise an den Wurzeln derselben Bäume vorkommen. Für die Eichen ist das umgekehrt ganz praktisch, denn wenn ein Pilz ausfällt, weil sich die Umweltbedingungen ändern, dann steht schon der nächste Bewerber vor der Tür. Ganz ohne Absicherung leben Pilze aber auch nicht, wie Forscher entdeckten. So sind die Geflechte nicht nur der Bäume einer Art, sondern auch der unterschiedlicher Arten miteinander verbunden. Radioaktiver Kohlenstoff, mit dem Wissenschaftler eine Birke impften, wanderte über den Boden und die Pilzverbindungen in eine benachbarte Douglasie. Wiewohl viele Baumarten oberirdisch bis aufs Messer gegeneinander kämpfen und sich selbst im Wurzelraum zu verdrängen versuchen, scheinen Pilze sehr auf Ausgleich bedacht. Ob sie tatsächlich fremde Wirtsbäume unterstützen möchten oder nur pilzliche Artgenossen, die Hilfe brauchen (und die diese dann an ihren Baum weitergeben), ist noch ungeklärt. Ich habe den Verdacht, dass Pilze ein klein wenig weiter »denken« als ihre großen Partner. Unter Letzteren kämpft jede Art gegen die anderen. Doch einmal angenommen, unsere heimischen Buchen könnten in den meisten Wäldern den endgültigen Sieg erringen – wäre das ein echter Vorteil? Was würde passieren, wenn etwa ein neu auftretender Krankheitserreger die meisten Bäume befallen und dahinraffen würde? Wäre da nicht ein gewisser Anteil anderer Spezies günstiger? Eichen, Ahorne, Eschen oder Tannen würden dann weiter wachsen, für den notwendigen Schatten sorgen, in dem eine neue Generation junger Buchen keimen und aufwachsen könnte. Vielfalt sichert Urwälder ab, und da Pilze ebenfalls sehr auf konstante Bedingungen angewiesen sind, gleichen sie unterirdisch allzu erfolgreiche Eroberungen einer Baumart wieder aus, indem sie andere vor dem völligen Untergang bewahren und unterstützen.

Wird es trotz aller Hilfe eng für Pilz und Baum, dann kann der Pilz radikal werden, wie die Weymouthskiefer mit ihrem Partner *Laccaria bicolor,* dem zweifarbigen Lacktrichterling, zeigt. Letzterer gibt bei Stickstoffmangel ein tödliches Gift in den Boden ab, wodurch winzige Tiere wie Springschwänze sterben und ihren im Körper gebundenen Stickstoff freigeben. Sie werden so zum unfreiwilligen Dünger für die Bäume und den Pilz.[17]

Ich habe Ihnen jetzt zwar schon die wichtigsten Helfer der Bäume vorgestellt, doch es gibt noch eine ganze Reihe weiterer. Da wären etwa die Spechte. Echte Helfer würde ich sie zwar nicht nennen, aber sie nützen den Bäumen zumindest teilweise. Immer dann, wenn Borkenkäfer beispielsweise Fichten befallen, wird es brenzlig. Die kleinen Insekten vermehren sich so rasch, dass sie innerhalb kürzester Zeit einen Baum abtöten können, indem sie die lebenswichtige Schicht unter der Rinde, das Kambium, verspeisen. Bekommt ein Buntspecht davon Wind, dann ist er flugs zur Stelle. Wie ein

Madenhacker auf dem Rücken eines Nashorns klettert er den Stamm auf und ab und sucht nach den fressenden, fetten weißen Larven. Diese hackt er dann (für den Baum nicht besonders einfühlsam) heraus, wobei große Rindenfetzen herabfliegen. Manchmal kann er dadurch weiteren Schaden von den Fichten abwenden. Und selbst wenn der Baum diese Prozedur nicht lebend übersteht, so werden doch immerhin seine Artgenossen geschützt, weil nun keine flugfähigen Käfer mehr ausschlüpfen können. Allerdings interessiert den Specht das Baumwohl nicht im Geringsten, was Sie besonders gut an seinen Bruthöhlen erkennen können. Diese legt er oft in gesunden Exemplaren an, die er dazu aufhacken und schwer verletzen muss. Zwar befreit der Specht viele Bäume von Schädlingen, etwa Eichen von den Larven des Prachtkäfers, aber das ist wohl eher ein Zufallsprodukt. Prachtkäfer können in trockenen Jahren für dürstende Bäume gefährlich werden, weil diese dann kaum in der Lage sind, sich gegen die Angreifer zu wehren. Rettung kann der scharlachrote Feuerkäfer bringen, der sich als erwachsenes Tier ganz harmlos von Blattlausausscheidungen und Pflanzensäften ernährt. Sein Nachwuchs jedoch braucht Fleisch, und das holt er sich in Form von Käferlarven, die unter der Rinde von Laubbäumen leben. So manche Eiche verdankt ihr Überleben dem Feuerkäfer, für den es allerdings manchmal selbst eng wird: Sind alle fremden Käferkinder gefressen, fallen die Larven nämlich über ihre Artgenossen her.

Rätselhafter Wassertransport

Wie gelangt das Wasser aus dem Boden hinauf zu den Blättern? Für mich ist diese Frage ein Sinnbild des aktuellen Wissensstands zum Thema Wald. Denn beim Wassertransport handelt es sich um ein vergleichsweise einfach zu erforschendes Phänomen, einfacher jedenfalls als Untersuchungen zu Schmerzempfinden oder Kommunikation. Und weil es so banal erscheint, werden seit Jahrzehnten seitens der universitären Lehre auch recht einfache Erklärungen angeboten. Es macht mir immer wieder Spaß, mit Studenten darüber zu diskutieren. Die gängigen Antworten lauten: Es wirken Kapillarkräfte und Transpiration. Erstere können Sie jeden Morgen beim Frühstück beobachten. Die Kapillarkraft lässt den Kaffee am Rand der Tasse einige Millimeter hochwandern – ohne dieses Phänomen müsste der Flüssigkeitsspiegel komplett waagerecht sein. Je enger das Behältnis, desto höher kann eine Flüssigkeit in ihr entgegen der Schwerkraft aufsteigen. Und die Wasserleitungen von Laubbäumen sind tatsächlich sehr eng: Sie messen nur knapp 0,5 Millimeter. Nadelbäume drosseln den Durchmesser nochmals und kommen auf 0,02 Millimeter. Dennoch reicht das bei Weitem nicht als Erklärung dafür aus, wie Wasser in die Krone von über 100 Meter hohen Bäume kommt, denn selbst in dünnsten Röhrchen reicht die Kraft für höchstens einen Meter.[18] Aber wir haben ja noch eine weitere Kandidatin: die Transpiration. Blätter und Nadeln verdunsten im Sommerhalbjahr durch Atmung ordentlich Wasser; bei einer ausgewachsenen Buche können dies pro Tag mehrere Hundert Liter sein.

Dadurch wird ein Sog erzeugt, der Nachschub durch die Leitungen nach oben zieht. Das geht allerdings nur, wenn die Wassersäule nicht abreißt. Die Moleküle haften mittels Kohäsion (Bindungskräfte) aneinander und ziehen sich so aneinandergereiht ein Stückchen höher, sobald am Blatt ein Platz durch Verdunstung frei wird. Und weil das immer noch nicht reicht, kommt nun noch die Osmose ins Spiel. Wenn in der einen Zelle die Konzentration von Zucker höher ist als in der benachbarten, dann fließt Wasser durch die Wände hin zu der süßeren Lösung, bis in beiden die gleiche prozentuale Menge enthalten ist. Und wenn das von Zelle zu Zelle bis in die Krone hinauf so weitergeht, dann ist das Wasser schließlich oben. Hmm. Der höchste Druck wird in den Bäumen kurz vor dem Laubaustrieb im Frühjahr gemessen. Dann schießt das Wasser mit einer solchen Wucht in den Stamm, dass Sie dies mit einem angelegten Stethoskop hören können. Im Nordosten der USA macht man sich das bei der Ernte von Sirup des Zuckerahorns zunutze, der oft schon bei der Schneeschmelze angezapft wird. Nur jetzt kann der begehrte Saft geerntet werden. Zu diesem Zeitpunkt sind bei Laubbäumen allerdings keine Blätter am Baum, mithin kann also nichts verdunsten. Die Transpiration als treibende Kraft scheidet somit aus. Auch die Kapillarkräfte können nur bedingt mitwirken, denn die besagte Wirkung von einem Meter Höhe ist fast zu vernachlässigen. Doch der Stamm wird zu diesem Zeitpunkt regelrecht aufgepumpt. Es bliebe noch die Osmose, aber das erscheint mir ebenfalls unwahrscheinlich. Schließlich wirkt diese nur in den Wurzeln und Blättern, nicht jedoch im Stamm, der nicht aus einer Aneinanderreihung von Zellen, sondern aus langen, durchgehenden Leitungen besteht. Und nun? Man weiß es nicht, doch die neuere Forschung hat etwas herausgefunden, was zumindest die Wirkung der Transpiration und der Kohäsionskräfte infrage stellt. Denn Wissenschaftler von der Universität Bern, der Eidgenössischen Forschungsanstalt WSL und der ETH Zürich hörten einmal genauer hin, und zwar wörtlich. Vor allem nachts registrierten sie ein leises Rauschen in den Bäumen. Zu diesem Zeitpunkt ist das meiste Wasser im Stamm enthalten, denn die Krone macht dann Pause mit der Fotosynthese und verdunstet kaum etwas. Daher pumpen sich die Bäume regelrecht auf, was sogar eine Zunahme des Durchmessers bewirkt. Das Wasser steht in den inneren Leitungen praktisch still, nichts fließt. Woher kommen dann die Geräusche? Die Forscher vermuten, dass es winzige CO_2-Bläschen sind, die sich in den kleinen wassergefüllten Röhrchen bilden.[19] Blasen in den Leitungen? Das bedeutet, dass die zusammenhängende Wasserbahn tausendfach unterbrochen wird, und damit können eigentlich Transpiration, Kohäsion und Kapillarkräfte kaum etwas zum Transport beitragen. So viele Fragen bleiben unbeantwortet. Vielleicht ist man um eine mögliche Erklärung ärmer geworden oder aber um ein weiteres Geheimnis reicher. Ist das nicht mindestens ebenso schön?

Bäume stehen zu ihrem Alter

Bevor ich auf das Alter zu sprechen komme, möchte ich einen Schlenker zum Thema »Haut« machen. Bäume und Haut? Nähern wir uns dem Phänomen zunächst von der menschlichen Seite. Die Haut ist eine Barriere, die unser Innerstes vor der Außenwelt schützt, die Flüssigkeiten zurückhält, die Innereien am Herausfallen hindert und nebenbei Gas und Feuchtigkeit abgibt und aufnimmt. Zudem blockiert sie Krankheitserreger, die sich nur zu gerne in unserer Blutbahn ausbreiten würden. Daneben reagiert sie empfindlich auf Berührungen, die entweder angenehm sind und das Verlangen nach mehr wecken oder aber Schmerz und damit eine Abwehrreaktion hervorrufen. Dummerweise bleibt es nicht einfach dabei, sondern im Laufe der Zeit wird dieses komplizierte Gebilde langsam immer schlaffer. Falten und Runzeln stellen sich ein, sodass unsere Artgenossen spielend auf wenige Jahre genau unser Alter ablesen können.

Der notwendige Erneuerungsprozess ist auch nicht gerade erfreulich, wenn man ihn sich genauer ansieht: Jeder von uns verliert pro Tag rund 1,5 Gramm Hautschuppen, das sind aufsummiert pro Jahr über ein halbes Kilogramm. Beeindruckender ist die Anzahl: Pro Tag rieseln 10 Milliarden Partikel von uns herab.[20] Das klingt nicht sehr appetitlich, ist aber notwendig, um unser Oberflächenorgan ständig fit zu halten. In der Kindheit brauchen wir diesen Vorgang außerdem, um zu wachsen, ansonsten würde unser Naturanzug irgendwann platzen.

Und wie ist das bei den Bäumen? Ihnen geht es nicht anders.

Der wesentliche Unterschied ist reine Wortklauberei: Die Haut von Buchen, Eichen, Fichten und Co. nennt sich Rinde. Sie erfüllt aber exakt dieselbe Funktion und schützt die empfindlichen inneren Organe vor der aggressiven Außenwelt. Ohne Rinde würde ein Baum austrocknen, und neben dem Flüssigkeitsverlust wären es vor allem Pilze, die in gesundem nassem Holz keine Chance haben und nun prima alles zersetzen könnten. Auch Insekten brauchen eine herabgesetzte Feuchtigkeit und haben bei intakter Rinde keine Aussicht auf Erfolg. Ein Baum birgt in seinem Inneren fast ebenso viel Flüssigkeit wie wir Menschen und ist damit uninteressant, weil man als Parasit einfach erstickt. Ein Loch in der Rinde ist für den Baum also mindestens ebenso unangenehm wie eine Wunde in der Haut für uns. Und deshalb wendet er ähnliche Mechanismen an, um Derartiges zu verhindern. Pro Jahr legt ein in vollem Saft stehendes Exemplar zwischen anderthalb und drei Zentimeter an Umfang zu. Nun müsste die Rinde eigentlich reißen. Eigentlich. Denn um das auszuschließen, erneuern die Riesen ihre Haut ebenfalls ständig, indem sie enorme Mengen an Schuppen verlieren. Ihrer Statur angemessen sind diese Schuppen entsprechend größer und messen bis zu 20 Zentimeter. Achten Sie einmal bei windigem Regenwetter auf den Boden unter den Stämmen. Dort liegen diese Hinterlassenschaften, die man bei Kiefern mit ihrer rötlichen Rinde besonders gut erkennen kann.

Es schuppt sich aber nicht jeder Baum gleich. Da gibt es Arten, die sich ständig entblättern (menschlichen Pendants würde man bei solchen Mengen ein Antischuppen-Shampoo empfehlen), und andere, die es nur ganz verhalten rieseln lassen. Wer was wie macht, können Sie an der Borke erkennen. Das ist die äußere Schicht der Rinde, die schon abgestorben ist und einen unempfindlichen Panzer nach außen bildet. Diese Borke ist ein gutes Erkennungsmerkmal, um Baumarten voneinander zu unterscheiden. Allerdings trifft dies erst bei älteren Exemplaren zu, denn das Merkmal betrifft die Ausprägung der Risse, man könnte auch sagen: die Runzeln oder Falten. Bei jungen Bäumen jeglicher Spezies ist die Borke glatt wie ein Babypopo. Werden sie älter, dann stellen sich (beginnend von unten) allmählich Falten ein, die sich im Laufe der Jahre stetig vertiefen. Wie schnell dieser Prozess abläuft, hängt von der jeweiligen Art ab. Kiefern, Eichen, Birken oder Douglasien fangen schon früh damit an, während Buchen und Weißtannen sehr lange glatt bleiben. Der Grund ist tatsächlich die Geschwindigkeit des Schuppenabfalls. Bei Buchen, deren silbergraue Rinde bis ins Alter von 200 Jahren glatt bleibt, ist die Erneuerungsrate sehr hoch. Dadurch bleibt ihre Haut dünn und passt exakt zum jeweiligen Alter bzw. Durchmesser und muss sich nicht durch Risse dehnen. Ähnlich macht es die Weißtanne. Kiefern und Konsorten trödeln jedoch mit ihrer Oberflächenerneuerung. Irgendwie mögen sie sich nicht von ihrem Ballast trennen, vielleicht ist es aber auch die zusätzliche Sicherheit, die ein dickerer Panzer bietet. Wie auch immer, sie schuppen sich so langsam, dass sich eine viel dickere Borke bildet, deren obere Schichten teilweise jahrzehntealt sind. Sie stammen damit aus einer Zeit, als die Bäume noch jung und schlank waren. In höherem Alter mit wachsendem Durchmesser reißen diese äußeren Schichten bis in die Tiefe auf, die jüngeren Datums ist und damit wie bei den Buchen zum aktuellen Umfang passt. Je tiefer also die Falten, desto trödeliger die Art. Das Phänomen verstärkt sich mit dem Alter nochmals deutlich. Auch die Buchen ereilt dieses Schicksal, sobald sie ihre Lebensmitte überschreiten, denn dann bekommt die Rinde ebenfalls von unten beginnend Falten. Als ob sie es hinausposaunen wollten, machen sich nun Moose daran, diese Risse zu besiedeln. Dort hält sich die Feuchtigkeit der letzten Regenfälle länger und tränkt die Polster. Schon von Weitem können Sie daher das Alter von Buchenwäldern abschätzen: Je höher der grüne Bewuchs sich den Stamm hinaufzieht, desto älter sind die Bäume. Bäume sind Individuen, und die Faltenbildung ist Veranlagung. Manche Exemplare sind schon in jüngeren Jahren runzeliger als gleich alte Artgenossen. Ich habe einige Buchen im Revier, die im Alter 100 von oben bis unten mit rauer Borke überzogen sind. Normalerweise ist das erst 150 Jahre später der Fall. Ob dies nur genetisch bedingt ist oder ob auch ein exzessiver Lebenswandel eine Rolle spielt, ist nicht erforscht. Zumindest einige Faktoren ähneln dabei wieder uns Menschen. Die Kiefern in unserem Garten sind ausgesprochen tief gefurcht. Das Alter allein kann es nicht sein – mit geschätzten 100 Jahren sind sie gerade ihrer Jugend entwachsen. Sie stehen seit 1934 besonders sonnig, denn in diesem Jahr wurde unser Forsthaus gebaut. Dazu wurde ein Teil des Grundstücks gerodet, und seitdem haben die verbliebenen Kiefern mehr Licht. Mehr Licht, mehr Sonne, mehr UV-Strahlung. Letztere führt zur Hautalterung beim Menschen und anscheinend auch beim Baum. Auffällig ist zudem, dass die Borke auf der sonnenzugewandten Seite härter ist, damit unflexibler wird und eher zu Rissen neigt.

Die genannten Veränderungen können aber auch auf »Hautkrankheiten« zurückzuführen sein. Ähnlich wie die pubertäre Akne häufig zu lebenslangen Narben führt, kann bei Bäumen der Befall mit Rindenläusen zu einer rauen Oberfläche führen. Dann entstehen keine Falten, sondern Tausende kleine Krater und Pusteln, die zeitlebens nicht mehr verschwinden. Kränkliche Exemplare entwickeln daraus auch schwärende, nässende Wunden, deren Flüssigkeit von Bakterien besiedelt wird und sich schwarz verfärbt. Die Haut ist eben nicht nur bei uns ein Spiegel der Seele (oder des Wohlbefindens).

Alte Bäume können für das Ökosystem Wald noch eine ganz besondere Funktion übernehmen. In Mitteleuropa gibt es keine uralten Wälder mehr, das Alter der ältesten großflächigen Baumbestände liegt zwischen 200 und 300 Jahren. Bis sich diese Reservate wieder in Urwälder gewandelt haben, müssen wir zum Verständnis der Rolle wirklich alter Bäume einen Blick auf die Westküste Kanadas werfen. Dort untersuchte Dr. Zoë Lindo von der McGill-Universität in Montreal Sitkafichten mit einem Mindestalter von 500 Jahren. Erst auf solch betagten Exemplaren fand die Forscherin große Mengen an Moos auf Zweigen und in Astgabeln. In den grünen Polstern hatten sich Blaualgen angesiedelt, die Stickstoff aus der Luft auffingen und so umwandelten, dass die Bäume ihn aufnehmen konnten. Mit dem Regen wurde dieser Naturdünger heruntergewaschen und den Wurzeln zur Verfügung gestellt. Alte Bäume düngen demnach den Wald und helfen damit ihrem Nachwuchs, besser zu starten. Dieser kann nämlich noch kein Moos tragen, da es sehr langsam wächst und sich erst Jahrzehnte später ansiedelt.[21]

Neben der Haut und dem Moosbewuchs sind es weitere körperliche Veränderungen, die uns das Alter von Bäumen anzeigen. Da wäre etwa die Krone, und hier gibt es sogar eine Parallele zu mir selbst. Mein Haar wird ganz oben schütter, wächst nicht mehr so wie in meiner Jugend. Das ist bei den höchsten Kronenästen nicht anders. Ab einem bestimmten Zeitpunkt, je nach Art nach 100–300 Jahren, werden die jährlichen Neuaustriebe immer kürzer. Die Aneinanderreihung solcher Kurztriebe führt bei Laubbäumen zu krallenartig gebogenen Zweigen, die einer von Rheuma geplagten Hand ähneln. Bei Nadelbäumen endet der schnurgerade Stamm in einem Höhentrieb, der sich allmählich auf null reduziert. Während Fichten in diesem Zustand verharren, wachsen Weißtannen dort oben in die Breite, sodass es aussieht, als ob sich ein großer Vogel sein Nest gebaut hätte. Folgerichtig nennt man das Phänomen in Fachkreisen auch »Storchennestkrone«. Die Kiefer fängt schon früher damit an, was zur Folge hat, dass die gesamte Krone im Alter breit und ohne erkennbare Spitze ist. Jedenfalls stellt jeder Baum allmählich sein Höhenwachstum ein. Weiter hinauf können seine Wurzeln und sein Adersystem Wasser und Nährstoffe nicht pumpen, weil diese Anstrengung ihn überfordern würde. Stattdessen wird er jetzt einfach nur noch dicker (eine weitere Parallele zu vielen Menschen in höherem Alter …). Doch diesen Stillstand vermag er nicht lange zu bewahren, weil seine Kräfte im Laufe der Jahre ganz langsam weiter zurückgehen. Jetzt kann er die Versorgung der obersten Äste nicht länger bewältigen, sodass diese absterben. Und so, wie alte Menschen allmählich an Körpergröße verlieren, tut dies ein Baum auch. Der nächste Sturm fegt die toten Zweige aus der Krone, und nach diesem Ausputzen sieht sie für kurze Zeit wieder etwas frischer aus. Der Prozess wiederholt sich jedes Jahr, und die Krone schrumpft dabei optisch beinahe unmerklich. Sind alle oberen Zweige verloren, so bleiben die dickeren Äste übrig. Auch sie sterben, fallen jedoch nicht so leicht herunter. Nun kann der Baum sein hohes Alter, aber auch sein Siechtum nicht mehr verbergen.

Spätestens zu diesem Zeitpunkt kommt dann die Rinde wieder ins Spiel. Aus den kleinen, nässenden Wunden sind Eintrittspforten für Pilze geworden. Diese verkünden ihren Siegeszug durch prachtvolle Fruchtkörper, die – einer halbierten Untertasse ähnlich – am Stamm kleben und jährlich größer werden. Im Inneren durchbrechen sie sämtliche Barrieren und dringen bis tief ins Kernholz vor. Dort fressen sie je nach Art die eingelagerten Zuckerverbindungen oder, schlimmer noch, Zellulose und Lignin. Damit zersetzen und pulverisieren sie das Skelett des Baums, der sich trotzdem wacker noch viele Jahrzehnte gegen diesen Prozess wehrt. Rechts und links der immer größer werdenden Wunde bildet er neues Holz und lässt es in dicken, stabilisierenden Wülsten wachsen. Das hilft noch einmal eine Zeit lang, den zerfallenden Körper gegen die heftigen Winterstürme zu stemmen. Eines Tages ist es dann so weit: Der Stamm bricht ab, und das Baumleben ist zu Ende. »Endlich«, vermeint man fast die wartende Baumjugend zu hören, die sich in den kommenden Jahren rasch an dem zerbröselnden Stumpf vorbei nach oben schiebt. Doch der Dienst am Wald ist mit dem Lebensende noch nicht vorüber. Der vermodernde Kadaver spielt noch jahrhundertelang eine wichtige Rolle im Ökosystem. Aber davon später mehr.

Die Eiche – ein Weichei?

Wenn ich durch mein Revier gehe, dann sehe ich oft leidende Eichen. Und sie leiden teilweise wirklich sehr. Ein untrügliches Zeichen sind die Angstreiser am Stamm, kleine Zweigbüschel, die ringsherum sprießen und oft rasch wieder verdorren. Sie zeigen, dass sich der Baum in einem lang andauernden Todeskampf befindet und in Panik gerät. Sinnvoll ist dieser Versuch, so tief unten Blätter zu bilden, nicht. Denn die Eiche ist eine Lichtbaumart, braucht es also sehr hell, um Fotosynthese betreiben zu können. Im Dämmerlicht der unteren Etage bringen ihre Sonnensegel nichts, und überflüssige Ausrüstung wird schnell wieder abgeschafft. Ein gesunder Baum versucht gar nicht erst, Energie in die Bildung solcher Zweige zu stecken, sondern dehnt sich lieber oben in der Krone weiter aus. Zumindest, wenn er in Ruhe gelassen wird. Doch Eichen haben es in mitteleuropäischen Wäldern schwer, denn hier ist die Heimat der Buche. Diese ist zwar unglaublich sozial eingestellt, allerdings nur gegenüber Artgenossen. Fremde Bäume werden massiv bedrängt, damit sie weichen. Das fängt ganz langsam und harmlos an, indem ein Eichelhäher eine Buchecker am Fuße einer mächtigen Eiche vergräbt. Da er genügend andere Depots angelegt hat, bleibt sie unberührt und keimt im kommenden Frühjahr. Ganz langsam wächst sie über viele Jahrzehnte still und heimlich nach oben. Zwar fehlt dem jungen Baum die Mutter, doch zumindest Schatten kann die Alteiche spenden und hilft damit, den Buchennachwuchs schön langsam und gesund aufzuziehen. Was oberirdisch harmonisch aussieht, entpuppt sich unterirdisch als beginnender Existenzkampf. Die Wurzeln der Buche drängen sich in jede Lücke, die die Eiche nicht nutzt. So unterwandert sie den alten Stamm und schnappt sich Wasser und Nährstoffe, die der große Baum eigentlich für sich reserviert hatte. Das bewirkt eine schleichende Schwächung. Nach rund 150 Jahren hat der kleine Baum sich so weit gestreckt, dass er langsam in die Krone der Eiche hineinwächst. Hinein, und nach weiteren Jahrzehnten hindurch und vorbei, denn im Gegensatz zur Konkurrenz kann er praktisch lebenslang seine Krone ausbauen und weiter wachsen. Nun bekommen die Buchenblätter direktes Sonnenlicht, sodass der Baum jede Menge Energie hat, um sich breitzumachen. Er bildet eine prachtvolle Krone, die artentsprechend 97 Prozent des Sonnenlichts einfängt. Die Eiche findet sich in der zweiten Etage wieder, wo ihre Blätter vergeblich nach Licht schnappen. Die Zuckerproduktion geht drastisch zurück, die Reserven werden verbraucht, und langsam verhungert der Baum. Er merkt, dass er sich nicht mehr gegen die starke Konkurrenz durchsetzen kann, dass es ihm nie wieder gelingen wird, lange Höhentriebe zu bilden und doch noch einmal über die Buche zu kommen. In seiner Not, vielleicht sogar aufflammender Panik, macht er etwas, was gegen jede Regel verstößt: Er bildet neue Zweige und Blätter tief unten am Stamm. Diese Blätter sind besonders groß und weich, sie vermögen mit weniger Licht auszukommen als jene aus dem Kronenbereich. Dennoch sind drei Prozent zu wenig, eine Eiche ist eben keine Buche. Folglich verdorren diese Angstreiser wieder, und die wertvolle verbleibende Energie ist nutzlos verpulvert. In diesem Stadium des Verhungerns kann die Eiche weitere Jahrzehnte verharren, doch irgendwann gibt sie auf. Ihre Kräfte erlahmen, doch manchmal erlöst sie der Prachtkäfer. Er legt seine Eier auf die Rinde, und die schlüpfenden Larven machen kurzen Prozess, indem sie seine Haut zerfressen und dem Leben des wehrlosen Baums ein Ende machen.

Ist die Eiche nun ein Weichei? Wie kommt es, dass ein derart schwacher Baum zum Symbol von Standhaftigkeit und Dauerhaftigkeit werden konnte? So unterlegen diese Art in den meisten Wäldern gegenüber der Buche sein mag, so zäh kann sie auftreten, wenn sie ohne Konkurrenz bleibt. Etwa im Freiland, also unserer Kulturlandschaft: Während die Buche ohne die heimelige Waldatmosphäre kaum das Alter 200 zu überschreiten vermag, bringt es die Eiche neben alten Bauernhöfen oder auf Weiden locker auf über 500 Jahre. Eine tiefe Wunde im Stamm oder ein breiter Riss, den ein Blitz schlug? So etwas kann einer Eiche nichts anhaben, denn ihr Holz ist getränkt mit pilzhemmenden Stoffen, die Fäulnisprozesse stark verlangsamen. Die Gerbstoffe schrecken auch die meisten Insekten ab, und ganz nebenbei und ungewollt verbessert dieses Abwehrmittel auch den Geschmack von Wein (»Barriquewein«), wenn aus dem Baum irgendwann ein Eichenfass geworden ist. Selbst schwer geschädigte Exemplare mit abgebrochenen Starkästen haben die Fähigkeit, wieder eine Ersatzkrone aufzubauen und noch Jahrhunderte zu überleben. Das würden die meisten Buchen nicht schaffen, schon gar nicht außerhalb der Wälder und ohne ihre geliebte Verwandtschaft. Werden sie durch einen Sturm ramponiert, dann zählt ihre verbleibende Lebensspanne höchstens noch ein paar Jahrzehnte.

Auch in meinem Revier beweisen Eichen, dass sie aus extrem zähem Holz geschnitzt sind. An einem besonders warmen Südhang stehen etliche Bäume, die sich mit ihren Wurzeln in den nackten Fels krallen. Wenn die Sommerhitze das Gestein unerträglich aufheizt, verdunsten die letzten Reste von Wasser. Im Winter dringt klirrender Frost tief ein, weil eine schützende dicke Erdschicht mit einer mächtigen Lage verrottender Blätter fehlt. Die weht schon der kleinste Wind herunter, sodass sich lediglich ein paar karge Flechten ansiedeln, die aber kaum gegen Temperaturextreme isolieren. Das Resultat: Die Bäume oder besser Bäumchen sind nach einem Jahrhundert nur armdick und kaum höher als fünf Meter. Wo ihre Artgenossen in heimeligem Waldklima schon die 30 Meter überschritten haben und mächtige Stämme bilden, da harren diese Asketen genügsam aus und begnügen sich mit dem Status von Sträuchern. Aber sie überleben! Der Vorteil dieser Hungersituation ist der, dass andere Arten hier längst aufgeben mussten. Ein entbehrungsreiches Dasein, das dafür frei von den Sorgen um die Konkurrenz anderer Baumarten ist, hat eben auch seine Vorteile.

Die dicke Borke der Eiche ist übrigens viel robuster als die glatte, dünne Haut der Buche und wehrt so manchen äußeren Feind ab. Sie hat sogar ein Sprichwort hervorgebracht: »Was schert es eine alte Eiche, wenn sich ein Wildschwein an ihr scheuert?«

Spezialisten

Bäume können an vielen extremen Orten wachsen. Können? Müssen! Denn wenn der Samen vom Baum fällt, dann kann sein Standort nur noch durch Wind oder Tiertransport verändert werden. Wenn er dann aber im Frühjahr keimt, sind die Würfel gefallen. Von nun an ist der Sämling für das ganze Leben an dieses Fleckchen Erde gebunden und muss es nehmen, wie es eben kommt. Und für die meisten Baumkinder kommt es ganz schön dicke. Denn ihre Zufallstreffer erweisen sich leider häufig als Niete. Entweder es ist zu dunkel, etwa, wenn die lichthungrige Baumart Kirsche unter großen Buchen keimt. Oder es ist zu hell – das gilt nun für Buchenkinder, deren zartes Laub in der prallen Sonne einer Freifläche verbrennt. Sumpfige Waldböden lassen die Wurzeln der meisten Arten verfaulen, während trockene Sande sie verdursten lassen. Besonders unglücklich sind Landeplätze ohne jeglichen nährenden Boden, wie beispielsweise Felsen oder die Astgabeln großer Bäume. Manchmal ist das Glück nur von kurzer Dauer. Etwa dann, wenn Samen auf den hohen Stümpfen abgebrochener Stämme liegen bleiben. Hier entwickeln sie sich zu kleinen Bäumen, die ihre Wurzeln in das vermodernde Holz treiben. Doch spätestens in einem außergewöhnlich trockenen Sommer, wenn auch totes Holz die letzte Feuchtigkeit verdunstet, verdorren die vermeintlichen Gewinner. Dabei hatten viele von ihnen die gleichen Vorstellungen vom idealen Wohnort. Denn für die meisten europäischen Baumarten gelten dieselben Wohlfühlkriterien. Sie lieben einen nährstoffreichen Boden, der krümelig-locker bis in mehrere Meter Tiefe gut durchlüftet ist. Schön feucht soll das Erdreich sein, vor allem im Sommer. Der darf aber nicht zu heiß werden und der Winter nicht zu frostig. Der Schneefall ist nur mäßig, aber so, dass er zur Schmelze den Boden kräftig tränkt. Die Herbststürme werden durch einen vorgelagerten Bergrücken gedämpft, und der Wald ist arm an Pilzen und Insekten, die Rinde und Holz attackieren. Wenn Bäume vom Schlaraffenland träumen könnten, dann müsste es genau so aussehen. Doch bis auf wenige kleine Fleckchen Erde findet man diese idealen Rahmenbedingungen so nirgends. Und das ist gut für die Artenvielfalt. Denn das Wettrennen im Schlaraffenland Mitteleuropa würde aktuell fast ausschließlich die Buche gewinnen. Sie kann den Überfluss perfekt nutzen und verdrängt jegliche Konkurrenten, indem sie einfach durch deren Kronen hindurchwächst und anschließend ihre Gipfeltriebe über die des Verlierers setzt. Wer gegen solch mächtige Konkurrenz überleben möchte, muss sich etwas anderes einfallen lassen. Abweichungen vom baumischen Schlaraffenland bedeuten Schwierigkeiten. Wer seine ökologische Nische neben der Buche finden möchte, der muss auf irgendeinem Gebiet Asket werden. Ökologische Nische? Da die meisten Lebensräume der Erde nicht die Idealbedingungen bieten, verhält es sich eher umgekehrt: Schwierige Standorte gibt es in Überfülle, und wer dort zurechtkommt, kann ein riesiges Verbreitungsgebiet erobern. So etwas hat die Fichte gemacht. Sie kann überall dort Fuß fassen, wo die Sommer kurz und die Winter bitterkalt sind – im hohen Norden oder in unseren Gebirgen nahe der Baumgrenze. Da die Vegetationsperiode in Sibirien, Kanada oder Skandinavien oft nur wenige Wochen beträgt, wäre die Buche dort noch nicht einmal mit dem Laubaustrieb fertig, bevor die Saison schon wieder beendet ist. Zudem sind die Winter so bitterkalt, dass es gegen Ende zu Erfrierungen käme. Hier kann nun die Fichte punkten. Sie lagert in ihre Nadeln und die Rinde ätherische Öle ein, die eine Art Frostschutz darstellen. Dadurch braucht sie die grüne Pracht nicht abzuwerfen, sondern lässt sie in der kalten Jahreszeit einfach an den Zweigen. Sobald es im Frühjahr warm wird, kann sie mit der Fotosynthese starten. Kein Tag geht verloren, und wenn es auch nur wenige Wochen sind, in denen Zucker oder Holz gebildet werden können, so kann der Baum doch jedes Jahr einige Zentimeter wachsen. Wenn die Nadeln an den Zweigen bleiben, ergibt sich jedoch ein großes Risiko. Auf ihnen bleibt der Schnee liegen und summiert sich zu gewaltigen Lasten, die den Baum abbrechen lassen können. Um das zu vermeiden, verfügt die Fichte über zwei Abwehrstrategien. Zum einen bildet sie in der Regel einen absolut geraden Stamm. Was ordentlich in der Senkrechten ist, kann man nicht so leicht aus dem Gleichgewicht bringen. Zum anderen stehen die Äste im Sommer waagerecht ab. Sobald sich Schnee darauf legt, sinken sie langsam herab, bis sie dachziegelartig aufeinanderliegen. So stützen sie sich gegenseitig, und die Silhouette verkleinert sich von oben gesehen erheblich. Dadurch fällt der meiste Schnee neben den Baum. In schneereichen Gegenden der Hochlagen oder des hohen Nordens bildet die Fichte zudem eine sehr schmale, lange Krone mit kurzen Ästen, die diesen Effekt noch verstärkt.

Die Nadeln provozieren jedoch eine weitere Gefahr. Ihr Verbleib am Baum vergrößert die Windangriffsfläche, und in den Winterstürmen können Fichten leicht stürzen. Davor bewahrt sie nur ihr extrem langsames Wachstum. Mehrhundertjährige Bäume sind oft nicht höher als zehn Meter, die statistische Gefahr steigt jedoch signifikant erst ab 25 Meter.

Von Natur aus gab es in unseren Breiten überwiegend Buchenurwälder, und diese lassen kaum Licht auf den Boden. Darauf hat sich die Eibe eingestellt. Sie ist der Inbegriff von

Genügsamkeit und Geduld. Weil sie weiß, dass sie niemals den Buchen das Wasser reichen kann, hat sie sich auf die unteren Waldetagen spezialisiert. Hier wächst sie mithilfe der drei Prozent Restlicht, das die Buchen durch ihre Blätter dringen lassen. Oft vergeht allerdings ein ganzes Jahrhundert, bevor sie unter diesen Bedingungen mehrere Meter Höhe und ihre Geschlechtsreife erlangt. In dieser Zeit kann ihr viel passieren: Pflanzenfresser stutzen sie zurecht und werfen sie dadurch um Jahrzehnte zurück, oder, noch schlimmer, eine absterbende Buche reißt sie komplett um. Doch der zähe Baum hat vorgesorgt. Er steckt von Anfang an wesentlich mehr Energie in den Ausbau seines Wurzelwerks als andere Arten. Hier bunkert er Nährstoffe, und stößt ihm einmal oberirdisch ein Missgeschick zu, dann treibt er voller Elan neu aus. Häufig kommt es dabei zur Ausbildung mehrerer Stämme, die später im hohen Alter zusammenwachsen können. Das gibt dem Baum ein faltiges Aussehen. Und alt kann er werden! Mit über 1 000 Jahren überlebt er die meisten größeren Konkurrenten, sodass er im Laufe der Jahrhunderte immer wieder einmal in der Sonne steht, wenn über ihm ein Altbaum sein Leben aushaucht. Trotzdem werden Eiben nicht größer als 20 Meter – sie sind eben genügsam und streben nicht nach Höherem.

Die Hainbuche (die, anders, als ihr Name vermuten lässt, mit Birken verwandt ist) versucht es der Eibe nachzumachen, ist dabei aber nicht ganz so genügsam und braucht ein wenig mehr Licht. Sie hält es zwar unter den Buchen aus, wächst dort jedoch nicht zu einem großen Baum heran. Über 20 Meter wird sie ohnehin selten, und solche Höhen erreicht sie nur unter einer Lichtbaumart wie der Eiche. Hier kann sie sich frei entfalten, und da sie zumindest den größeren Eichen nicht ins Gehege kommt, reicht der Platz für beide Arten. Doch oft gesellt sich die Buche dazu, die allen zwei Baumarten den

Rang abläuft und zumindest die Eichen überwächst. Die Hainbuche kann nur damit punkten, dass sie neben viel Schatten auch große Trockenheit und Wärme aushält – da müssen Buchen irgendwann passen, sodass Hainbuchen zumindest auf trockeneren Südhängen doch noch ihre Chance erhalten.

Sumpfiger Boden, stehendes, sauerstoffarmes Wasser – hier halten es die Wurzeln der meisten Baumarten nicht aus und sterben ab. So eine Situation findet man in Quellbereichen oder entlang von Bachläufen vor, deren Überschwemmungsgebiet immer wieder unter Wasser steht. Wenn sich dort hinein etwa eine Buchecker verirrt und keimt, so kann zunächst durchaus ein stattlicher Baum daraus werden. Doch irgendwann in einem Gewittersturm im Sommer kippt die Buche dann um, weil ihre abgefaulten Wurzeln keinen Halt mehr finden. Ähnliche Schwierigkeiten bekommen Fichten, Kiefern, Hainbuchen und Birken, wenn ihre Füße zeitweise oder gar dauerhaft in nass-fauligem Wasser stehen. Ganz im Gegensatz zu den Erlen. Sie werden mit 30 Meter Gesamthöhe zwar nicht so groß wie ihre Konkurrenz, können aber auf den ungeliebten sumpfigen Böden prima wachsen. Ihr Geheimnis sind interne Belüftungskanäle in den Wurzeln. So wird Sauerstoff bis in die kleinsten Spitzen transportiert, ähnlich wie bei Tauchern, die über einen Schlauch mit der Oberfläche verbunden sind. Im unteren Stammbereich besitzen die Bäume zudem Korkzellen, die einen Lufteintritt ermöglichen. Erst wenn der Wasserpegel über längere Zeit diese Atemöffnungen übersteigt, kann das die Erlen so schwächen, dass ihre Wurzeln Opfer von aggressiven Pilzen werden.

Baum oder nicht Baum?

Was ist eigentlich ein Baum? Der Duden definiert ihn als Holzgewächs mit Stamm, aus dem Äste wachsen. Der Haupttrieb muss also dominant sein und wächst stetig weiter nach oben, ansonsten zählt das Gewächs als Strauch, dem viele Stämmchen oder besser Äste aus einem gemeinsamen Wurzelstock entspringen. Doch was ist mit der Größe? Ich persönlich habe immer Probleme, wenn ich Berichte von Wäldern des Mittelmeerraumes sehe, die mir wie eine Ansammlung von Buschwerk vorkommen. Bäume, das sind doch majestätische Wesen, unter deren Kronen wir uns wie Ameisen im Gras vorkommen. Bei meinen Reisen nach Lappland bin ich allerdings auf ganz andere Vertreter gestoßen, die den Menschen eher wie Gulliver in Liliput erscheinen lassen. Es sind die Zwergbäume der Tundra, über die manch Wanderer achtlos hinwegtrampelt. Manchmal werden sie in 100 Jahren nicht viel höher als 20 Zentimeter. Als Baum sind sie wissenschaftlich nicht anerkannt, ebenso wenig wie die Strauchbirke – wie es ihr Name schon vermuten lässt. Dabei bildet diese immerhin Stämmchen bis drei Meter Höhe, meist bleibt sie allerdings unter Augenhöhe und wird deshalb offenbar nicht ernst genommen. Wenn man nun mit gleichem Maß messen würde, dann dürften kleine Buchen oder Vogelbeeren ebenfalls nicht als Bäume zählen. Sie werden zudem oft durch den Fraß großer Säugetiere wie Rehe oder Hirsche so zurückgebissen, dass sie strauchförmig mit vielen Trieben jahrzehntelang in einer Höhe von 50 Zentimeter verharren.

Und wenn ein Baum abgesägt wird? Ist er dann tot? Was ist mit dem erwähnten mehrhundertjährigen Stumpf, der von seinen Kameraden bis heute am Leben gehalten wird? Ist das ein Baum, und falls nein, was ist es dann? Noch komplizierter wird es, wenn aus diesem Stumpf ein neuer Stamm treibt. Das ist in vielen Wäldern sogar die Regel, denn gerade Laubbäume wurden vor Jahrhunderten von Köhlern abgeholzt und zu Holzkohle verarbeitet. Aus den Stümpfen trieben neue Stämme, die die Grundlage für viele der heutigen Laubwälder bilden. Speziell Eichen- und Hainbuchenwälder stammen aus solchen Niederwäldern. Bei diesen wurde das Abholzen und Wieder-aufwachsen-Lassen im Rhythmus weniger Jahrzehnte wiederholt, sodass die Bäume nie auswachsen und groß werden konnten. Dies geschah, weil die damalige Bevölkerung einfach zu arm war und es sich nicht leisten konnte, länger auf neues Holz zu warten. Diese Relikte erkennen Sie bei einem Waldspaziergang an straußartigen Mehrfachstämmen oder auch an knubbeligen Verdickungen am Stammfuß, wo das periodische Fällen für Wucherungen sorgte.

Sind diese Stämme nun junge Bäume oder aber in Wahrheit tausendjährige Alte? Diese Frage stellten sich auch Wissenschaftler, die zum Beispiel uralte Fichten in der schwedischen Provinz Dalarna untersuchten. Die älteste hatte eine Art flaches Gebüsch gebildet, das wie ein Teppich ein einzelnes Stämmchen umrahmte. Alles zusammen gehörte zu einem Baum, dessen Wurzelholz mit der C14-Methode untersucht wurde. C14, ein radioaktiver Kohlenstoff, bildet sich ständig neu in der Atmosphäre und zerfällt dann wieder langsam. Dadurch bleibt das Verhältnis zum übrigen Kohlenstoff stets gleich. Eingebunden in inaktive Biomasse, wie etwa Holz, schreitet der Zerfall laufend weiter fort, während kein neuer radioaktiver Kohlenstoff aufgenommen wird. Je geringer dessen Anteil, desto älter muss das Gewebe sein. Die Untersuchung der Fichte ergab ein schier unglaubliches Alter von 9550 Jahren. Die einzelnen Triebe waren jünger, doch diese Neuaustriebe der letzten Jahrhunderte wurden nicht als eigene Bäume gewertet, sondern als Teil des Ganzen.[22] Ich finde: zu Recht! Denn ganz sicher war die Wurzel entscheidender als der oberirdische Trieb. Schließlich sorgte sie für das Überleben des Organismus, hatte starke Klimaschwankungen überstanden und immer wieder neue Stämme getrieben. In ihr waren die Erfahrungen von Jahrtausenden gespeichert, die ihr das Überleben bis zum heutigen Tage ermöglicht hatten. Ganz nebenbei warf die Fichte mehrere wissenschaftliche Lehrmeinungen über Bord. Zum einen wusste bis dahin niemand, dass diese Nadelbäume wesentlich älter als 500 Jahre werden können, zum anderen hatte man bis dato angenommen, Fichten seien erst vor 2000 Jahren nach dem Rückzug des Eises in diesem Teil Schwedens angekommen. Für mich ist dieses unscheinbare kleine Gewächs ein Symbol dafür, wie wenig wir von Wäldern und Bäumen verstehen und wie viele Wunder es noch zu entdecken gibt.

Zurück zu der Frage, warum die Wurzel der wichtigere Teil ist. Möglicherweise sitzt hier so etwas wie das Gehirn des Baums. Gehirn? Ist das nicht ein wenig zu weit hergeholt? Möglicherweise, doch wenn wir wissen, dass Bäume lernen können, mithin also Erfahrungen abspeichern, dann muss es dafür auch einen entsprechenden Ort innerhalb des Organismus geben. Wo er sich befindet, weiß man nicht, doch die Wurzeln wären zu diesem Zweck am besten geeignet. Zum einen zeigen die alten Fichten in Schweden, dass der unterirdische Teil der Dauerhafteste des Baums ist – wo sonst sollte er langfristig wichtige Informationen speichern? Zum anderen zeigt die aktuelle Forschung, dass das zarte Geflecht immer für eine Überraschung gut ist. Denn bisher galt es als unumstrittene Tatsache, dass es alle Aktivitäten über die Chemie steuert. Das ist erst einmal nichts Ehrenrühriges, werden doch auch bei uns viele Prozesse durch Botenstoffe geregelt. Wurzeln nehmen Substanzen auf, transportieren sie weiter, führen im Gegenzug Fotosyntheseprodukte zu den pilzlichen Partnern und leiten sogar Warnstoffe an Nachbarbäume. Aber ein Gehirn? Dazu bedarf es nach unserem Verständnis neuronaler Prozesse, und zu diesen gehören neben Botenstoffen auch elektrische Ströme. Genau solche kann man messen, und zwar schon seit dem 19. Jahrhundert. Seit vielen Jahren ist ein heftiger Streit unter Wissenschaftlern entbrannt. Können Pflanzen denken, sind sie intelligent?

Frantisek Baluska vom Institut für zelluläre und molekulare Botanik der Universität Bonn ist zusammen mit Kollegen der Meinung, dass sich in der Wurzelspitze gehirnähnliche Strukturen befinden. Neben der Signalleitung gibt es etliche Anlagen und Moleküle, die so ähnlich auch bei Tieren zu finden sind.[23] Tastet sich die Wurzel im Boden vorwärts, so kann sie Reize aufnehmen. Die Forscher messen elektrische Signale, die in einer Übergangszone verarbeitet werden und zu Verhaltensänderungen führen. Stoßen die Wurzeln auf giftige Substanzen, undurchdringliche Steine oder zu nasse Bereiche, dann analysieren sie die Lage und geben die notwendigen Änderungen an die Wuchszone weiter. Diese ändert anschließend die Richtung und lenkt die Ausläufer um den kritischen Bodenbereich herum. Ob man darüber hinaus hier den Hort von Intelligenz, Erinnerungsvermögen und Emotionen sehen kann, wird aktuell von der Mehrheit der Pflanzenforscher in Zweifel gezogen. Sie erregen sich unter anderem über die Übertragung der Befunde auf gleiche Situationen bei Tieren und letzten Endes darüber, dass die Grenzen zwischen Pflanzen und Tieren zu verwischen drohen. Na und? Was wäre so schlimm daran? Die Trennung Pflanze/Tier ist ohnehin willkürlich gewählt und an der Art der Nahrungsbeschaffung aufgehängt: Die eine betreibt Fotosynthese, das andere frisst Lebewesen. Große Unterschiede gibt es letztendlich nur noch in der Zeitspanne, in der Informationen verarbeitet und in Handlungen umgesetzt werden. Doch sind langsame Wesen automatisch minderwertiger als schnelle? Mir drängt sich manchmal der Verdacht auf, dass man mehr Rücksicht auf Bäume und anderes Grünzeug nehmen müsste, wenn man unumstritten feststellen würde, wie ähnlich sie in vielem den Tieren sind.

Im Reich der Dunkelheit

Boden ist für uns Menschen noch undurchsichtiger als Wasser, und das gilt auch im übertragenen Sinne. Während der Grund der Ozeane schlechter erforscht ist als die Mondoberfläche[24], ist das Bodenleben noch weniger untersucht. Gewiss, es gibt schon eine Fülle von entdeckten Spezies und Fakten, über die man nachlesen kann. Doch im Verhältnis zur Vielfalt des Lebens, das sich unter unseren Füßen tummelt, ist das nur ein winziger Bruchteil. Bis zur Hälfte der Biomasse eines Waldes steckt in diesem unteren Stockwerk. Die meisten Lebewesen, die sich hier tummeln, sind mit dem bloßen Auge nicht zu erkennen. Das ist wahrscheinlich der Hauptgrund, warum sie uns nicht so stark interessieren wie beispielsweise ein Wolf, ein Schwarzspecht oder ein Feuersalamander. Dabei sind sie für die Bäume möglicherweise viel wichtiger. Ein Wald kann auf die größeren Bewohner ohne Weiteres verzichten. Rehe, Hirsche, Wildschweine, die Raubtiere und selbst ein Großteil der Vögel würden keine schmerzhafte Lücke im Ökosystem hinterlassen. Selbst wenn sie alle zeitgleich verschwänden, wüchse der Wald doch ohne größere Beeinträchtigungen einfach weiter. Ganz im Gegensatz zu den Winzlingen unter Ihren Füßen. In einer Handvoll Walderde stecken mehr Lebewesen, als es Menschen auf der Erde gibt. Ein Teelöffel voll enthält allein über einen Kilometer Pilzfäden. All diese Wesen wirken auf den Boden ein, formen ihn um und machen ihn für die Bäume so wertvoll. Bevor wir uns einige dieser Geschöpfe genauer anschauen, möchte ich gerne mit Ihnen an den Anfang der Bodenentstehung zurückgehen. Ohne Erdreich gibt es keine Wälder, denn irgendwo müssen sich die Bäume verwurzeln können. Nackter Stein würde dazu nicht ausreichen, und selbst lockeres Geröll böte zwar den Wurzeln Halt, könnte jedoch nicht genug Wasser und Nährstoffe speichern. Erdgeschichtliche Prozesse wie die Eiszeiten mit ihren Frostperioden sprengten das Gestein, Gletscher schmirgelten die Brocken zu Sand und Staub, sodass anschließend ein lockeres Grundsubstrat übrig blieb. Es wurde nach dem Tauen des Eises durch Wasser in tiefere Lagen und Senken gespült oder durch Stürme mitgerissen und zu meterdicken Schichten abgelagert. Später kam Leben in Form von Bakterien, Pilzen und Pflanzen dazu, die nach ihrem Tod zu Humus verrotteten. Im Laufe der Jahrtausende konnte dieser Boden – der erst jetzt auch als solcher bezeichnet werden kann – von Bäumen besiedelt werden, und diese machten ihn immer wertvoller. Sie hielten ihn mit ihren Wurzeln fest und verteidigten ihn gegen Regen und Sturm. Eine Erosion konnte so kaum noch stattfinden, stattdessen wuchsen die Humusschichten immer weiter an und bildeten Vorstufen von Braunkohle. Apropos Erosion: Sie ist einer der größten natürlichen Feinde der Wälder. Ein Abtrag von Boden findet dabei immer durch Extremereignisse statt, meist infolge besonders heftiger Niederschläge. Kann die Walderde nicht alles Wasser sofort aufnehmen, fließt der Rest oberirdisch ab und nimmt dabei kleine Partikel mit. Das können Sie bei Regenwetter selbst beobachten: Immer dann, wenn das Wasser braun getrübt ist, transportiert es wertvollen Boden ab. Das können pro Jahr und Quadratkilometer bis zu 10 000 Tonnen sein. Aus den Steinen im Untergrund werden durch Verwitterungsprozesse auf der gleichen Fläche jährlich nur 100 Tonnen nachgebildet, sodass ein riesiger Schwund die Folge ist. Eines Tages ist nur noch Geröll vorhanden. Solche verarmten Areale sind heute vielerorts in den Wäldern zu finden, die auf ausgelaugten, vor Jahrhunderten noch landwirtschaftlich genutzten Böden wachsen. Bleibt der Wald dagegen durchgängig erhalten, so verliert er pro Quadratkilometer und Jahr nur zwischen 0,4 und 5 Tonnen. Der Boden unter den Bäumen wird dadurch im Laufe der Zeit immer mächtiger, sodass sich die Bedingungen für Bäume laufend verbessern.[25]

Kommen wir zu den Tieren im Boden. Sie sind zugegebenermaßen nicht besonders attraktiv. Aufgrund ihrer geringen Größe bleiben die meisten Arten dem bloßen Auge verborgen, und wenn Sie eine Lupe zur Hand nehmen, dann wird es nicht besser: Hornmilben, Springschwänze und Borstenwürmer sind nun einmal nicht so sympathisch wie Orang-Utans oder Buckelwale. Im Wald bilden die kleinen Knilche den Anfang der Nahrungskette und dürfen daher als so etwas wie Bodenplankton gelten. Leider interessiert sich die Forschung nur am Rande für die Tausenden von Arten mit den unaussprechlichen lateinischen Namen, die bisher entdeckt wurden, ungezählte weitere Arten harren vergeblich ihrer Entdeckung. Vielleicht ist das aber auch tröstlich: Noch gibt es viele Geheimnisse in den Wäldern, die direkt vor Ihrer Haustüre liegen. Schauen wir uns das Wenige an, was bisher gelüftet wurde.

Da wären etwa die bereits erwähnten Hornmilben, von denen es in unseren Breiten über 1000 bekannte Arten gibt. Sie sind kleiner als ein Millimeter und sehen aus wie Spinnen mit zu kurz geratenen Beinen. Ihr Körper ist von einer beigebraunen Färbung und tarnt sie damit gut in ihrem natürlichen Lebensraum, dem Boden. Milben? Da tauchen gleich Assoziationen mit Hausstaubmilben auf, die sich von unseren Hautschuppen und anderen Reststoffen ernähren und nebenbei Allergien auslösen. Zumindest ein Teil der Hornmilben macht Ähnliches bei Bäumen. Deren herabfallende

Blätter und Rindenschuppen würden sich meterhoch stapeln, wenn sich nicht ein Heer von Kleinsttieren hungrig darauf stürzen würde. Dazu leben sie im herabgefallenen Laub, das sie mit Heißhunger verspeisen. Andere Arten haben sich auf Pilze spezialisiert. Die Tiere sitzen in kleinen Bodenröhren und trinken die Säfte, die die feinen weißen Fäden absondern. Letztendlich ernähren sich diese Hornmilben vom Zucker der Bäume, den diese an ihre Pilzpartner abgeben. Ob abgestorbenes Holz oder tote Schnecken, es gibt nichts, woran sich eine Hornmilbenart nicht angepasst hätte. Sie tauchen überall an der Schnittstelle von Werden und Vergehen auf und dürfen somit als unverzichtbar für das Ökosystem gelten.

Oder die Rüsselkäfer: Sie sehen fast aus wie winzige Elefanten, denen lediglich die Segelohren fehlen, und zählen zu den artenreichsten Insektenfamilien weltweit; allein bei uns kommen rund 1400 Spezies vor. Der Rüssel dient übrigens weniger der Nahrungsaufnahme als vielmehr der Unterstützung des Nachwuchses. Mithilfe des langen Organs fressen die Tierchen kleine Löcher in Blätter und Stängel, in die sie dann ihre Eier legen. Die Larven können so geschützt vor Fressfeinden kleine Gänge in die Pflanzen nagen und in Ruhe wachsen.[26]

Einige der Rüsselkäferarten, meist Bodenbewohner, können nicht mehr fliegen, weil sie sich an den langsamen Rhythmus der Wälder und ihr quasi ewiges Dasein gewöhnt haben. Laufen können sie maximal zehn Meter im Jahr, und mehr ist auch gar nicht notwendig. Wenn sich die Umgebung eines Baums ändert, weil dieser stirbt, so muss man als Rüsselkäfer einfach nur zum nächsten wandern und mümmelt dort weiter im verrottenden Laub. Findet man solche Käfer, so kann auf eine lange, ununterbrochene Waldgeschichte geschlossen werden. Wurde der Wald im Mittelalter gerodet und später neu gepflanzt, dann fehlen dort solche Insekten, weil der Weg zurück zu Fuß vom nächstgelegenen Altwald einfach zu lang ist.

Alle genannten Tiere haben eines gemeinsam: Sie sind sehr klein, und damit ist ihr Aktionsradius extrem eingeschränkt. Das spielte in den großen Urwäldern, die einst Mitteleuropa bedeckten, noch keine Rolle. Heute jedoch ist der größte Teil des Waldes durch den Menschen verändert. Fichten statt Buchen, Douglasien statt Eichen, junge Bäume statt alte – das schmeckt den Tieren im Wortsinne nicht mehr, sodass sie verhungern und lokal aussterben. Doch noch gibt es alte Laubwälder und mit ihnen Refugien, in denen die einstige Artenvielfalt fortbesteht. Landauf, landab bemühen sich die Forstverwaltungen, wieder mehr Laub- statt Nadelwald heranzuziehen. Doch wenn einst erneut mächtige Buchen dort stehen, wo heute Fichten im Sturm fallen und Platz für einen Wandel machen, wie kommen dann die Hornmilben und Springschwänze wieder dorthin? Zu Fuß wohl eher nicht, denn in ihrem ganzen Leben legen sie kaum einen Meter zurück. Besteht dann überhaupt Hoffnung, eines Tages wenigstens in Nationalparks wie dem Bayerischen Wald wieder echte Urwälder bestaunen zu können? Möglich ist das schon, denn die Untersuchungen der Studenten in meinem Revier ergaben, dass zumindest die an Nadelwälder gebundenen Kleinsttiere überraschend große Entfernungen zurücklegen können. Ausgerechnet alte Fichtenplantagen zeigen das deutlich. Hier fanden die jungen Forscher Springschwanzarten, die sich auf Fichtenwälder spezialisiert haben. Solche Wälder haben meine Vorgänger hier in Hümmel aber erst vor 100 Jahren angepflanzt; davor standen bei uns wie überall in Mitteleuropa vorwiegend alte Buchen. Doch wie kamen die auf Nadeln angewiesenen Springschwänze nach Hümmel? Meine Vermutung ist, dass es Vögel gewesen sein müssen, die

die Bodentiere als blinde Passagiere in ihren Federn mitgebracht haben. Vögel nehmen gerne ein Staubbad im Laub, um ihr Gefieder zu reinigen. Dabei bleiben sicher auch winzige Bodenbewohner hängen, die nach einem Flug im nächsten Wald bei einem Staubbad wieder abgeladen werden. Und was bei den auf Fichten spezialisierten Tieren klappte, funktioniert möglicherweise auch bei Laub liebenden Arten. Wenn es künftig wieder mehr alte Laubwälder gibt, die sich ungestört entwickeln dürfen, dann könnten Vögel dafür sorgen, dass die zugehörigen Untermieter ebenfalls wieder auftauchen. Allerdings kann die Rückkehr der Winzlinge sehr, sehr lange dauern, wie neueste Studien aus Kiel und Lüneburg belegen.[27] In der Lüneburger Heide wurden vor über 100 Jahren Eichenwälder auf ehemaligen Ackerböden gepflanzt. Schon nach wenigen Jahrzehnten sollte sich das ursprüngliche Gefüge aus Pilzen und Bakterien wieder im Boden angesiedelt haben, so die Annahme der Wissenschaftler. Aber weit gefehlt – selbst nach dieser relativ langen Zeit klaffen noch große Lücken im Arteninventar, und das hat gravierende Folgen für den Wald. Die Nährstoffkreisläufe von Werden und Vergehen funktionieren nicht richtig; zudem sind im Boden noch immer Stickstoffüberschüsse des einstigen Düngers festzustellen. Der Eichenwald wächst zwar schneller als Vergleichsbestände, die auf altem Urwaldboden stehen, ist aber deutlich anfälliger, etwa gegen Trockenheit. Wie lange es dauert, bis sich wieder echter Waldboden bildet, weiß niemand, nur so viel: 100 Jahre reichen nicht. Doch damit die Regenerierung überhaupt noch irgendwann stattfinden kann, braucht man Reservate mit ursprünglichen Wäldern, ohne jegliche menschliche Einflussnahme. Hier vermag die Vielfalt des Bodenlebens zu überdauern und als Keimzelle für die Erholung der umliegenden Flächen zu dienen. Echten Verzicht muss man dafür übrigens nicht üben, wie die Gemeinde

Hümmel seit Jahren demonstriert. Sie hat sämtliche alte Buchenwälder unter Schutz gestellt und vermarktet sie nun anders. Ein Teil wird als Bestattungswald genutzt, indem die Bäume als lebende Grabsteine für Urnenbeisetzungen verpachtet werden. Nach dem Tod ein Teil des Urwalds zu werden – ist das nicht eine schöne Vorstellung? Ein anderer Bereich der Reservate wird an Firmen verpachtet, die so ihren Beitrag zum Umweltschutz leisten. Der Verzicht auf Holznutzung ist dadurch abgegolten, und Mensch und Natur sind zufrieden.

CO_2-Staubsauger

In einem noch weit verbreiteten, recht einfachen Bild von den Kreisläufen der Natur sind Bäume ein Sinnbild für ausgeglichene Bilanzen. Sie betreiben Fotosynthese und erzeugen dabei Kohlenhydrate, nutzen diese für ihr Wachstum und speichern im Laufe ihres Lebens dadurch bis zu 20 Tonnen CO_2 in Stamm, Ästen und Wurzelwerk. Sterben sie eines Tages ab, wird exakt die gleiche Menge an Treibhausgasen wieder freigesetzt, indem Pilze und Bakterien das Holz verdauen und verarbeitet wieder ausatmen. Auf dieser Idee beruht übrigens auch die Aussage, Holz sei in der Verbrennung klimaneutral. Schließlich ist es doch egal, ob kleine Organismen die Scheite in ihre gasförmigen Bestandteile zerlegen oder der heimische Ofen diese Aufgabe übernimmt. Doch so einfach funktioniert der Wald nicht. Er ist in Wahrheit ein gigantischer CO_2-Staubsauger, der diesen Luftbestandteil fortwährend ausfiltert und einlagert. Zwar wird ein Teil davon nach seinem Tod tatsächlich wieder in die Atmosphäre zurückgegeben, doch der große Rest verbleibt dauerhaft im Ökosystem. Der zerbröselte Stamm wird langsam durch verschiedene Arten in immer kleinere Stückchen geraspelt und gefressen und dabei Zentimeter um Zentimeter tiefer in den Boden eingearbeitet. Den letzten Rest besorgt der Regen, der die organischen Überreste einschwemmt. Je weiter es hinab geht, desto kühler wird es. Und mit der fallenden Temperatur verlangsamt sich auch das Leben, bis es schließlich fast zum Stillstand kommt. Damit hat das CO_2 in Form von Humus seine letzte Ruhe gefunden und reichert sich langsam immer weiter an. In einer fernen, fernen Zukunft wird daraus vielleicht einmal Braun- oder Steinkohle. Die derzeitigen Lagerstätten dieser fossilen Rohstoffe entstanden vor rund 300 Millionen Jahren ebenfalls aus Bäumen. Sie sahen zwar noch ein wenig anders aus und glichen eher 30 Meter hohen Farnen oder Schachtelhalmen, konnten aber mit zwei Meter Stammdurchmesser ähnliche Ausmaße erreichen wie heutige Arten. Die meisten Bäume wuchsen in Sümpfen, und wenn sie ihren Alterstod starben, dann klatschte der Stamm ins moorige Wasser, wo er kaum verfaulte. Im Laufe der Jahrtausende bildeten sich dadurch dicke Torfschichten, die später von Geröll überlagert wurden und sich durch den Druck allmählich zu Kohle wandelten. In den großen konventionellen Kraftwerken werden demnach heute fossile Wälder verfeuert. Wäre es da nicht schön und sinnvoll, wenn wir auf der anderen Seite unseren Bäumen die Chance ließen, es den Ahnen nachzutun? Sie könnten zumindest einen Teil des CO_2 wieder einfangen und im Erdreich speichern.

Zur Kohlebildung kommt es heute aber kaum noch, weil die Wälder durch Bewirtschaftung (Holzeinschlag) ständig aufgelichtet werden. Dadurch dringen wärmende Sonnenstrahlen bis zum Boden vor und helfen den dort lebenden Arten, wieder richtig auf Touren zu kommen. Folglich verzehren sie die letzten Humusvorräte auch in tieferen Schichten und lassen sie in Form von Gas in die Atmosphäre aufsteigen. Die Gesamtmenge der entweichenden Klimagase entspricht dabei ungefähr der des möglichen Nutzholzes. Für jeden Scheit, den Sie im heimischen Ofen verbrennen, wird draußen aus den Waldböden noch einmal die gleiche Masse an CO_2 freigesetzt. Der Kohlenstoffspeicher unter den Bäumen wird in unseren Breiten also schon im Entstehen geleert.

Dennoch können Sie zumindest die Anfangsprozesse der Kohlebildung bei jedem Waldspaziergang sehen. Graben Sie ein wenig im Boden, bis Sie auf eine hellere Schicht stoßen. Bis zu dieser Linie ist der obere, dunklere Teil stark mit Kohlenstoff angereichert. Ließe man den Wald von nun an in Ruhe, so hätten Sie hier eine Vorstufe von Kohle, Gas oder Öl. Zumindest in großen Schutzgebieten wie den Kernzonen von Nationalparks laufen diese Prozesse heute wieder ungestört weiter. Die geringen Humusschichten sind übrigens nicht nur ein Ergebnis der heutigen Forstwirtschaft: Schon Römer und Kelten holzten fleißig im Wald herum und brachten damit die natürlichen Vorgänge zum Erliegen.

Doch welchen Sinn macht es eigentlich für die Bäume, ihre Lieblingsspeise dauerhaft zu beseitigen? Und es sind ja nicht nur die Bäume: Alle Pflanzen einschließlich der Algen in den Ozeanen filtern CO_2 aus, welches beim Absinken nach dem Tod im Schlick in Form von Kohlenstoffverbindungen gespeichert wird. Zusammen mit tierischen Überresten wie dem Kalk von Korallen, der einer der größten CO_2-Speicher überhaupt ist, wurde der Atmosphäre in Hunderten von Jahrmillionen enorm viel Kohlenstoff entzogen. Zum Zeitpunkt der Entstehung der größten Kohlevorkommen, im Karbon, war die CO_2-Konzentration mit dem Neunfachen der heutigen Werte auf einem viel höheren Stand, bevor u.a. die damaligen Wälder einen Abbau auf immerhin noch das Dreifache des heutigen Werts bewirkten.[28] Doch wo ist das Ende der Fahnenstange für unsere Wälder erreicht? Werden sie immer weiter Kohlenstoff speichern, bis irgendwann nichts mehr in der Luft zu finden ist? Die Frage stellt sich angesichts unseres Konsumhungers allerdings gar nicht mehr, denn wir haben den Spieß bereits umgedreht und leeren munter die gesamten CO_2-Speicher. Öl, Gas und Kohle werden in Form von Heizmaterial und Treibstoffen verfeuert und in die Luft geblasen. Ist es abgesehen von der Änderung des Klimas gar ein Segen, dass wir heute Treibhausgase aus ihrem unterirdischen

Gefängnis befreien und wieder freisetzen? So weit würde ich nicht gehen, aber immerhin ist ein Düngeeffekt der mittlerweile gestiegenen Konzentration nachweisbar. Die Bäume wachsen schneller, wie die neuesten Waldinventuren belegen. Die Tabellen für die Schätzung der Holzproduktion mussten angepasst werden, weil mittlerweile etwa ein Drittel mehr Biomasse zuwächst als noch vor wenigen Jahrzehnten. Doch wie war das noch? Langsamkeit hieß die Devise, um als Baum alt zu werden. Es ist ein ungesundes Wachstum, das nebenbei durch die heftigen Stickstoffeinträge aus der Landwirtschaft weiter befeuert wird. Also gilt die alte Regel doch noch: Weniger (CO_2) ist mehr (Lebenszeit).

Schon als Forststudent habe ich gelernt, dass junge Bäume vitaler sind und schneller wachsen als alte. Diese Lehrmeinung wird bis heute vertreten und führt dazu, dass Wälder verjüngt werden sollen. Verjüngt? Das bedeutet nichts anderes, als alte Stämme zu fällen und durch frisch gepflanzte Bäumchen zu ersetzen. Nur dann seien die Wälder stabil und könnten auch entsprechend viel Holz produzieren und dadurch CO_2 aus der Luft aufnehmen und binden, so die aktuellen Aussagen von Waldbesitzerverbänden und Forstwirtschaftsvertretern. Je nach Baumart soll im Alter 60 bis 120 die Wuchskraft nachlassen, mithin ist es dann Zeit, die Erntemaschinen anrollen zu lassen. Werden die Ideale der ewigen Jugend, die in unserer Gesellschaft kontrovers diskutiert werden, einfach auf den Wald übertragen? Es erweckt zumindest den Anschein, denn ein 120 Jahre alter Baum ist, wenn man es auf menschliche Maßstäbe überträgt, gerade einmal der Schule entwachsen. Tatsächlich scheinen die bisherigen wissenschaftlichen Annahmen völlig verkehrt zu sein, wie eine Studie eines internationalen Forscherteams nahelegt. Die Wissenschaftler untersuchten weltweit rund 700 000 Bäume auf allen Kontinenten. Das überraschende Ergebnis: Je älter Bäume werden, desto schneller wachsen sie. So erzeugten Bäume mit einem Meter Stammdurchmesser dreimal so viel Biomasse wie Exemplare, die nur halb so dick waren.[29] Alt bedeutet bei Bäumen also nicht schwach, gebeugt und anfällig, sondern ganz im Gegenteil schwungvoll und leistungsstark. Baumgreise sind demnach deutlich produktiver als Jungspunde und im Zusammenhang mit dem Klimawandel wichtige Verbündete der Menschen. Die Parole, Wälder zu verjüngen, um sie zu vitalisieren, darf seit der Veröffentlichung der Studie mindestens als irreführend bezeichnet werden. Höchstens im Sinne der Holznutzung zeichnet sich ab einem bestimmten Alter der Bäume eine Wertminderung ab. Pilze können dann zu einer Fäulnis im Stamminneren führen, doch das mindert das weitere Wachstum nicht im Geringsten. Möchten wir Wälder als Mittel zum Kampf gegen den Klimawandel nutzen, dann müssen wir sie alt werden lassen, ganz wie es die großen Naturschutzverbände fordern.

Die hölzerne Klimaanlage

Bäume mögen keine extremen Schwankungen in Bezug auf Temperatur und Feuchtigkeit. Aber auch für große Pflanzen macht das regionale Klima keine Ausnahmen. Doch vielleicht haben die Bäume ja die eine oder andere Möglichkeit, selbst Einfluss zu nehmen? Mein Schlüsselerlebnis dazu war ein Wäldchen in der Nähe von Bamberg, das auf einem trockenen, nährstoffarmen Sandboden stand. Hier könne nur die Kiefer gedeihen, hatten Forstwissenschaftler einst behauptet. Um keine öde Monokultur zu schaffen, pflanzte man damals auch noch Buchen hinzu, die mit ihrem Laub die sauren Nadeln der Kiefern für Bodentiere etwas mildern sollten. An eine Holzproduktion mit diesen Laubbäumen hatte man nicht gedacht, sie galten als sogenannte dienende Baumart. Doch die Buchen dachten gar nicht daran, bloß untergeordnete Funktionen zu übernehmen. Sie zeigten nach einigen Jahrzehnten, was in ihnen steckt. Mit ihrem jährlichen Laubfall erzeugten sie einen milden Humus, der viel Wasser speichern konnte. Zudem wurde so die Luft in diesem Wäldchen allmählich immer feuchter, weil die Blätter der aufstrebenden Bäumchen den Wind zwischen den Kiefernstämmen bremsten und für Luftruhe sorgten. So konnte weniger Wasser verdunsten. Das ließ die Buchen immer besser gedeihen, und eines Tages wuchsen sie den Kiefern schließlich über den Kopf. Der Waldboden und das Kleinklima hatten sich mittlerweile so verändert, dass die Bedingungen für die Laubbäume besser waren als für die genügsamen Nadelbäume. Das ist ein schönes Beispiel dafür, was Bäume zu ändern vermögen. Förster sagen auch: Der Wald macht sich seinen idealen Standort selbst. Was die Windruhe angeht, ist das nachvollziehbar, aber was ist mit dem Wasserhaushalt? Wenn im Sommer keine heiße Luft den Waldboden trocken föhnen kann, weil dieser stets gut beschattet und geschützt ist, dann ist das noch nachvollziehbar. Wie groß die Temperaturunterschiede von einem aufgelichteten Nadelwald zu einem natürlichen alten Buchenwald sein können, fanden Studenten der RWTH Aachen in meinem Revier heraus. An einem extrem heißen Augusttag, der das Thermometer auf 37° C hinaufjagte, war der Boden des Laubwalds um bis zu 10° C kühler als der des wenige Kilometer entfernten Nadelwalds. Diese Kühlung, die weniger Wasser verdunsten lässt, kommt neben der Beschattung ganz maßgeblich aus der Biomasse. Je mehr lebendes und totes Holz ein Wald hat, je mächtiger die Humusschicht des Bodens, desto mehr Wasser ist in der Gesamtmasse gespeichert. Verdunstung erzeugt Kälte, die wiederum bewirkt, dass nicht so viel verdunstet. Man könnte auch sagen: Ein intakter Wald kann im Sommer schwitzen und erzielt damit denselben Effekt wie der Schweiß bei uns Menschen. Das Schwitzen der Bäume können Sie übrigens indirekt beobachten, und zwar an Häusern. Häufig stehen dort ehemalige Weihnachtsbäume mit Ballen, die man nicht wegwerfen wollte, schön eingepflanzt und bei bester Gesundheit. Sie wachsen und wachsen und werden irgendwann viel größer, als die Besitzer es erwartet hatten. Vor allem jedoch stehen sie in den meisten Fällen zu nahe an den Gebäudewänden, ragen mit ihren Ästen teilweise sogar übers Dach. Und nun kommt es zu einer Art Schweißflecken. Was bei uns unter den Armen schon unangenehm genug ist, hat für die Häuser nicht nur optische Folgen. Durch das Schwitzen der Bäume wird es so feucht, dass sich Algen und Moos an Fassaden und auf Dachziegeln ansiedeln. Das Regenwasser läuft nun, gebremst durch den Bewuchs, schlechter ab, und losgelöste Moospolster verstopfen die Dachrinne. Der Verputz zerbröselt im Laufe der Jahre durch die Nässe und muss vor der Zeit erneuert werden. Die Besitzer von unter Bäumen abgestellten Autos profitieren hingegen von der ausgleichenden Wirkung. Bei Temperaturen um den Gefrierpunkt müssen die Besitzer von unter freiem Himmel abgestellten Pkw schon Eis von den Scheiben kratzen, während unter Kronen geparkte Fahrzeuge oft eisfrei bleiben. Abgesehen davon, dass Bäume das Äußere von Bauwerken negativ verändern können, finde ich es faszinierend, wie sehr Fichten und andere Arten ihre Umgebung kleinklimatisch beeinflussen. Um wie viel größer ist dann wohl der Einfluss eines intakten Waldes?

Wer ordentlich schwitzt, muss viel trinken. Und so einen Baumumtrunk können Sie tatsächlich beobachten, allerdings nur bei einem heftigen Platzregen. Da es so etwas meist nur in Kombination mit Gewittern gibt, möchte ich hierzu keinen Waldspaziergang empfehlen. Doch wenn Sie, wie ich (oft berufsbedingt) ohnehin draußen sind, dann können Sie ein faszinierendes Schauspiel erleben. Meist sind es Buchen, die ein regelrechtes Saufgelage abhalten. Ihre Äste recken sich wie die vieler Laubbäume schräg nach oben. Man könnte genauso gut sagen: schräg nach unten. Denn die Krone dient nicht nur der Ausbreitung des Laubs im Sonnenlicht, sondern auch dem Einfangen von Wasser. Der Regen fällt auf Hunderttausende Blätter, von denen das Nass auf die Zweige tropft. Von ihnen läuft es nach unten über die Äste, wo sich die winzigen Rinnsale zu einem Strom vereinen und den Stamm hinabrauschen. An seinem unteren Teil schießt das Wasser so stark hinab, dass es beim Auftreffen auf den Boden lebhaft aufschäumt. Bei einem heftigen Gewitter kann sich ein ausgewachsener Baum über tausend Liter zusätzlich einverleiben, die er durch seine Konstruktion zielgerichtet zu den Wurzeln leitet. Dort werden sie im umgebenden Erdreich gespeichert und helfen anschließend über so manche Trockenperiode hinweg.

Fichten und Tannen können so etwas nicht. Während die Tannen sich schlauerweise gerne unter die Buchen mischen, stehen die Fichten oft ziemlich durstig neben ihresgleichen. Ihre Kronen wirken wie ein Regenschirm, was für Wanderer ganz praktisch ist. Nahe am Stamm können Sie zumindest während eines Schauers kaum nass werden, das Gleiche gilt allerdings auch für die Baumwurzeln. Regenfälle bis zu zehn Liter pro Quadratmeter (und das ist schon ganz ordentlich) bleiben komplett in den Nadeln und Zweigen hängen. Sie verdunsten wieder, sobald die Wolkendecke aufreißt, und damit ist das wertvolle Nass für den Wald verloren. Warum machen Fichten so etwas? Sie haben einfach nicht gelernt, sich auf Wassermangel einzustellen. Ihre Wohlfühlzone sind kalte Regionen, in denen aufgrund der niedrigen Temperaturen kaum Bodenwasser verdunstet. So etwa in den Alpen kurz vor der Baumgrenze, wo zusätzlich höhere Niederschläge dafür sorgen, dass Wassermangel nie zum Problem wird. Starke Schneefälle allerdings schon, daher sind die Äste waagerecht oder leicht nach unten gebogen, damit sie bei starker Last angelegt werden können. So läuft jedoch kein Wasser an ihnen herunter, und wenn Fichten in tieferen, trockeneren Lagen stehen, dann geht dieser Wintervorteil verloren. Ein Großteil der heutigen Nadelwälder in Mitteleuropa wurde gepflanzt, und zwar dort, wo der Mensch es für sinnvoll hielt. Hier leiden die Bäume ständig an Durst, weil ihr eingebauter Regenschirm ein Drittel des Niederschlags aufhält und an die Luft zurückgibt. Bei den Laubwäldern beträgt dieser Wert nur 15 Prozent, sodass sie 15 Prozent mehr Wasser erhalten als ihre benadelten Kollegen.

Wasserpumpe Wald

Wie kommt das Wasser eigentlich in den Wald oder – noch grundlegender – überhaupt an Land? So einfach, wie die Frage klingt, so schwierig ist zunächst die Antwort. Denn eine der wesentlichsten Eigenschaften von Land ist, dass es höher liegt als die Meere. Wasser fließt durch die Schwerkraft immer zum tiefsten Punkt, und damit würden die Kontinente austrocknen. Das wird nur durch stetigen Nachschub verhindert, den Wolken liefern, die sich über den Meeren bilden und dann mithilfe von Winden weitertransportiert werden. Dieser Mechanismus funktioniert allerdings nur bis in wenige Hundert Kilometer Entfernung von der Küste. Je weiter es landeinwärts geht, desto trockener wird es, weil sich die Wolken abregnen und verschwinden. Schon nach 600 Kilometern wird es so trocken, dass die ersten Wüsten auftauchen. Leben wäre eigentlich nur in einem schmalen Band im Außenbereich der Kontinente möglich, das Innere wäre trostlos und verdorrt. Eigentlich. Denn zum Glück gibt es ja Wälder. Sie sind die Vegetationsform mit der größten Blattoberfläche. Pro Quadratmeter Wald breiten sich in den Kronen 27 Quadratmeter Laub und Nadeln aus.[30] Dort oben bleibt ein Teil des Niederschlags hängen und wird gleich wieder verdunstet. Zusätzlich verbrauchen die Bäume im Sommer pro Quadratkilometer bis zu 2 500 Kubikmeter Wasser, das sie bei ihrer Atmung in die Luft abgeben. Durch diesen Wasserdampf bilden sich erneut Wolken, die dann landeinwärts ziehen und sich dort wieder abregnen. Das Spiel setzt sich immer weiter fort, sodass auch die entlegensten Gebiete mit Feuchtigkeit versorgt werden. Diese Wasserpumpe funktioniert so gut, dass sich die Niederschläge in manchen Großregionen der Erde, wie etwa dem Amazonasbecken, selbst mehrere Tausend Kilometer landeinwärts kaum von denen an der Küste unterscheiden. Einzige Voraussetzung: Es muss vom Meer bis in den entferntesten Winkel Wald vorhanden sein. Vor allem, wenn der erste Baustein, also der Küstenwald, fehlt, bricht das System zusammen. Die Anerkennung der Entdeckung dieser unglaublich wichtigen Zusammenhänge gebührt den Wissenschaftlern um Anastassia Makarieva aus Sankt Petersburg in Russland.[31] Sie forschten weltweit in verschiedenen Wäldern und kamen immer wieder zu den gleichen Schlüssen. Ob im Regenwald oder der sibirischen Taiga, stets waren es die Bäume, die die lebensnotwendige Feuchtigkeit ins Landesinnere weiterreichten. Die Forscher fanden auch heraus, dass der ganze Prozess zum Erliegen kommt, wenn die Küstenwälder abgeholzt werden. Das ist in etwa so, als würde man bei einer elektrischen Pumpe den Ansaugstutzen aus dem Wasser ziehen. In Brasilien zeichnen sich bereits die Folgen ab: Der Amazonasregenwald wird immer trockener. Wir liegen in Mitteleuropa innerhalb des 600-Kilometer-Streifens und damit im Ansaugbereich der Pumpe. Glücklicherweise gibt es hier noch Wälder, auch wenn sie schon stark geschrumpft sind.

Die Nadelwälder der nördlichen Halbkugel haben noch eine andere Möglichkeit, das Klima und den Wasserhaushalt zu beeinflussen. Sie dunsten Terpene aus, Substanzen, die ursprünglich zur Abwehr von Krankheiten und Parasiten dienen. Gelangen diese Moleküle in die Luft, so kondensiert an ihnen die Feuchtigkeit. Dadurch bilden sich doppelt so dichte Wolken wie über unbewaldeten Flächen. Die Regenwahrscheinlichkeit steigt, und rund fünf Prozent des Sonnenlichts werden zusätzlich reflektiert. Das lokale Klima kühlt sich ab – kühl und feucht, das ist es, was Nadelbäume lieben. Aufgrund dieser Wechselwirkung spielen diese Ökosysteme im Rahmen des Klimawandels möglicherweise eine stark bremsende Rolle.[32]

Für unsere heimischen Ökosysteme sind regelmäßige Niederschläge enorm wichtig, denn Wasser und Wald gehören fast untrennbar zusammen. Ob Bäche, Tümpel oder der Wald selbst, alle Ökosysteme sind darauf angewiesen, ihren Bewohnern möglichst konstante Bedingungen zu liefern. Ein typischer Fall, der keine großen Änderungen mag, ist die Quellschnecke. Sie misst je nach Art oft weniger als zwei Millimeter und liebt kaltes Wasser. Mehr als 8° C sollte es nicht haben, und bei manchen Quellschnecken ist dies aus ihrer Vergangenheit zu erklären: Ihre Vorfahren lebten in den Schmelzwässern der Gletscherabflüsse, die in der letzten Eiszeit in weiten Teilen Europas zu finden waren. Ähnliche Bedingungen liefern saubere Waldquellen. Hier tritt das Wasser ebenfalls gleichbleibend kühl aus, denn Quellen sind nichts anderes als austretendes Grundwasser. Dieses ist in tiefen Bodenschichten isoliert von den Außentemperaturen und daher im Winter wie im Sommer gleich kalt. Für die Quellschnecken ist dies heutzutage, wo es keine Gletscher mehr gibt, der ideale Ersatzlebensraum. Doch dazu muss das Wasser rund ums Jahr sprudeln, und nun kommt der Wald ins Spiel. Sein Boden wirkt wie ein großer Speicher und sammelt fleißig alle Niederschläge. Die Bäume sorgen dafür, dass die Regentropfen nicht zu hart auf den Boden aufschlagen, sondern zart von den Zweigen tropfen. Die lockere Erde nimmt das Wasser vollständig auf, sodass es nicht zu kleinen Bächen zusammenfließt und in kürzester Zeit abläuft, sondern erst einmal im Boden gefangen bleibt. Ist dieser gesättigt, der Tank für die Bäume gefüllt, dann wird überschüssiges Nass langsam und über viele Jahre hinweg in immer tiefere Schichten abgegeben. Manchmal dauert es Jahrzehnte, bis die Feuchtigkeit wieder zutage tritt. Schwankungen zwischen Trockenperioden und Starkregenereignissen haben sich in dieser Zeit verwischt, und übrig bleibt ein gleichmäßig sprudelnder Quell. Obwohl – sprudeln kann man das nicht immer nennen. Oft sieht es nur so aus, als sei ein sumpfig-matschiger Fleck auf dem Waldboden, der sich dunkel bis zum nächsten Bächlein hinzieht. Bei genauerem Hinsehen (und dazu müssen Sie in die Knie gehen) können Sie winzige Rinnsale erkennen, die eine Quelle identifizieren. Ob es sich nur um Oberflächenwasser nach einem heftigen Regenschauer oder tatsächlich um Grundwasser handelt, verrät ein Thermometer. Unter 9° C? Das muss eine echte Quelle sein! Doch wer hat schon ständig Messinstrumente bei sich? Eine Alternative ist ein Spaziergang bei knackigem Frost. Während Pfützen und Regenwasser nun gefrieren, sickert aus Quellen munter weiter Wasser hervor. Hier ist also das Zuhause von Quellschnecken, die so ganzjährig ihre Wohlfühltemperatur genießen. Und es ist nicht nur der Waldboden, der dafür sorgt. Im Sommer könnte sich so ein Kleinstbiotop rasch erwärmen und die Schnecken überhitzen. Doch das schattenspendende Laubdach verhindert zu viel Sonneneinstrahlung.

Für Bäche hält der Wald einen ähnlichen Service bereit, der hier sogar noch wichtiger ist. Denn das Wasser ist im Gegensatz zu einer Quelle, wo es ja ständig kühlen Nachschub gibt, größeren Temperaturschwankungen ausgesetzt. Dennoch halten es beispielsweise Salamanderlarven, die hier ähnlich wie Kaulquappen auf ihr Leben außerhalb des Bachs warten, wie die Quellschnecken: Es muss kühl bleiben, damit der Sauerstoff nicht aus dem Wasser entweicht. Friert dagegen alles durch, so haucht auch der Salamandernachwuchs sein Leben aus. Gut, dass die Bäume dieses Problem ganz nebenbei lösen. Im Winter, wenn die Sonne kaum wärmt, lassen die kahlen Äste viel Wärme hindurch. Die Bewegung des Wassers über Stock und Stein verhindert ebenfalls ein rasches Zufrieren. Wird es im späten Frühjahr mit steigendem Sonnenstand spürbar wärmer, dann schließen die Laubbäume mit dem Blattaustrieb die Rollos und beschatten das Fließgewässer. Erst im Herbst, wenn die Temperaturen wieder fallen, öffnet sich der Himmel über dem Bach erneut, weil alle Blätter abgeworfen werden. Bäche unter Nadelbäumen haben es deutlich schwerer. Hier ist es im Winter bitterkalt, das Wasser friert manchmal komplett durch, und weil es sich im Frühjahr auch nur langsam wieder erwärmt, kommt es für viele Organismen als Lebensraum nicht infrage. Solche stockdunklen Bachtäler kommen aber von Natur aus kaum vor, weil Fichten keine nassen Füße mögen und daher oft Abstand halten. Meist sind es Anpflanzungen, die diesen Konflikt zwischen Nadelwald und Bachbewohnern begründen.

Die Bedeutung von Bäumen für Bäche nimmt auch nach dem Tod nicht ab. Stürzt etwa eine abgestorbene Buche quer über das Bachbett, dann bleibt sie dort für Jahrzehnte liegen. Sie wirkt wie ein kleiner Staudamm und sorgt für winzige Stillwasserbereiche, in denen sich Arten halten können, die keine starke Strömung vertragen. So etwa die unscheinbaren Salamanderlarven. Sie sehen aus wie kleine Molche, besitzen allerdings Kiemenbüschel, sind ganz dezent dunkel gefleckt und haben einen gelben Punkt am Beinansatz. Im kalten Waldwasser lauern sie auf kleine Krebse, die sie genüsslich verspeisen. Die Wasserqualität muss für die Kerlchen einwandfrei sein, und selbst dafür sorgen tote Bäume. In den kleinen aufgestauten Tümpeln setzen sich Schlamm und Schwebeteile ab, und durch die verlangsamte Fließgeschwindigkeit verbleibt mehr Zeit für Bakterien, um schädliche Stoffe abzubauen. Keine Sorge übrigens, wenn es mal nach heftigen Regenfällen zur Schaumbildung kommt. Was aussieht wie eine

Umweltstraftat, ist in Wahrheit das Resultat von Huminsäuren, die an kleinen Wasserfällen mit Luft aufgeschlagen werden. Diese Säuren entstehen beim Abbau von Laub und totem Holz und sind für das Ökosystem überaus wertvoll.

Bei der Bildung kleiner Tümpel ist der Wald in den letzten Jahren immer weniger auf umstürzende, tote Stämme angewiesen. Er bekommt zunehmend Schützenhilfe von einem einst ausgerotteten Rückkehrer, dem Biber. Ob die Bäume das wirklich freut, darf bezweifelt werden, denn dieser bis zu 30 Kilogramm schwere Nager ist der Waldarbeiter unter den Tieren. Er fällt acht bis zehn Zentimeter dicke Bäume in einer Nacht, größere Exemplare werden in mehreren Arbeitsschichten umgelegt. Es sind die Zweige, die der Biber zur Ernährung braucht. Für den Winter legt er davon große Vorräte in seinen Burgen an, die im Laufe der Jahre viele Meter breit werden. Sie dienen dazu, die Eingänge seines Baus zu verstecken. Zur weiteren Absicherung liegen diese Röhren unter Wasser, sodass Raubtiere keinen Zutritt haben. Lediglich der Wohntrakt ist oberirdisch und damit trocken. Da der Wasserspiegel jahreszeitlich bedingt schwanken kann, bauen viele Tiere Dämme und stauen so Bäche zu großen Teichen auf. Dadurch fließt das Wasser gebremst aus dem Wald ab, und es bilden sich im Staubereich große Feuchtgebiete. Erlen und Weiden freut das, Buchen hingegen vertragen keine nassen Füße und sterben ab. Doch auch die Profiteure unter den Baumarten werden im Einzugsbereich der Biberburg nicht alt, da sie lebende Nahrungsvorräte darstellen.

Biber schädigen also den Wald in ihrem Umfeld, doch durch die Regulation des Wasserhaushalts beeinflussen sie ihn insgesamt positiv. Zudem schaffen sie Lebensräume für Arten, die auf größere stehende Gewässer angewiesen sind.

Kommen wir zum Ende dieses Kapitels noch einmal auf den Ursprung des Wassers im Wald zurück, den Regen. Er kann bei einer Wanderung eine wunderschöne Stimmung erzeugen, doch mit unpassender Kleidung wird er lästig. Alte Laubwälder bieten Ihnen dazu einen besonderen Service: eine kurzfristige Wettervorhersage in Form von Buchfinken. Diese rostroten Vögel mit grauem Kopf singen normalerweise eine Strophe, deren Rhythmus von Ornithologen gerne mit »Bin bin bin ich nicht ein schöner Feldmarschall« übersetzt wird. Allerdings ist das nur bei schönem Wetter zu hören; zieht Regen auf, dann ändert sich der Gesang in ein lautes »Rääätsch«.

Mein oder dein?

Das Ökosystem Wald ist fein austariert. Jedes Wesen hat darin seine Nische, seine Funktion, die zum Wohle aller beiträgt. So oder so ähnlich wird häufig die Natur beschrieben, doch das ist leider falsch. Denn dort draußen unter den Bäumen herrscht das Gesetz des Stärkeren. Jede Art möchte überleben und nimmt sich von den anderen das, was sie braucht. Grundsätzlich kennt dabei niemand irgendwelche Rücksicht, und der große Kollaps wird nur dadurch verhindert, dass es Schutzmechanismen vor Übergriffen gibt. Und eine letzte Bremse ist die eigene Genetik: Wer zu gierig ist und zu viel nimmt, ohne zu geben, der beraubt sich seiner eigenen Lebensgrundlage und stirbt aus. Deswegen haben die meisten Arten ein angeborenes Verhalten entwickelt, das den Wald vor Raubbau schützt. Ein vorbildliches Beispiel haben wir schon kennengelernt. Es ist der Eichelhäher, der zwar Eicheln und Bucheckern frisst, dafür aber ein Mehrfaches an Samen vergräbt. So sorgt er dafür, dass sich die Bäume sogar noch besser vermehren können als ohne ihn.

Wenn Sie durch einen hohen, dunklen Wald gehen, dann betreten Sie ein Warenhaus. Es ist gefüllt mit allerlei Köstlichkeiten, zumindest aus der Sicht von Tieren, Pilzen oder Bakterien. Ein einziger Baum enthält Millionen von Kalorien in Form von Zucker, Zellulose, Lignin und anderen Kohlenhydraten. Hinzu kommen noch Wasser und seltene Mineralien. Sagte ich Warenhaus? Besser trifft es der Begriff »Tresor«, denn hier ist mitnichten Selbstbedienung angesagt. Die Tür ist verriegelt, die Rinde dicht, und man muss sich schon etwas einfallen lassen, um an die süßen Schätze zu gelangen. Außer man ist ein Specht. Durch eine spezielle Aufhängung des Schnabels und dämpfende Kopfmuskeln kann er draufloshacken, ohne Kopfschmerzen zu bekommen. Im Frühjahr, wenn das Wasser in die Bäume schießt und mit leckeren Reservestoffen zu den Knospen hinaufströmt, hacken die Vögel kleine Löcher in dünnere Stämme oder Äste. Das sieht aus wie eine gepunktete Linie, und aus diesen Wunden heraus beginnt der Baum zu bluten. Baumblut sieht nicht dramatisch aus, sondern ähnelt Wasser. Trotzdem ist der Verlust dieser Körperflüssigkeit genauso ungünstig wie bei uns Menschen. Auf diese Flüssigkeit haben es die Spechte abgesehen und beginnen nun, sie aufzulecken. Grundsätzlich kann der Baum das einigermaßen verkraften, sofern der Specht nicht übermütig wird und zu viele solcher »Spechtriegel« genannten Verletzungen anlegt. Mit den Jahren verheilen sie wieder und sehen aus wie Schmucknarben.

Läuse sind viel fauler als Spechte. Statt emsig umherzufliegen und hier und da Löcher zu hacken, hängen sie sich mit ihren Rüsseln in die Adern der Blätter und Nadeln. Und hier besaufen sie sich in einer Art und Weise, wie es andere Tiere nicht können. Das Baumblut rauscht nur so durch die kleinen Insekten hindurch, die es hinten wieder in Form großer Tropfen ausscheiden. Blattläuse müssen so viel trinken, weil der Saft sehr wenig Eiweiß enthält – ein Nährstoff, der zum Wachstum und zur Reproduktion unerlässlich ist. Die Tiere filtern die Flüssigkeit nach diesem Mangelstoff durch und lassen die meisten Kohlenhydrate, vor allem Zucker, ungenutzt wieder austreten. Kein Wunder, dass unter so besiedelten Bäumen ein klebriger Regen einsetzt. Vielleicht haben Sie das auch schon einmal erlebt, wenn Sie Ihr Auto unter einem befallenen Ahorn geparkt haben und die Scheiben hinterher völlig verschmutzt waren. Jede Baumart hat ihre eigenen, auf sie spezialisierten Parasiten. Ob Tannen (Weißtannentrieblaus), Fichten (Fichtenröhrenlaus), Eichen (Eichen-Zwerglaus) oder Buchen (Buchenblattlaus), überall wird gesaugt und ausgeschieden. Und weil die ökologische Nische der Blätter schon besetzt ist, gibt es weitere Arten, die mühsam die dicke Rinde durchbohren, um an die darunter liegenden Saftleitungen zu gelangen. Solche Rindenläuse wie etwa die Buchenwollschildlaus überziehen ganze Stämme mit ihrer silbrig-weißen Wachswolle. Für den Baum ist es dasselbe wie für uns die Krätze: Es entstehen nässende Wunden, die kaum verheilen und zu einer völlig verschorften, rauen Rinde führen. Manchmal dringen hier Pilze und Bakterien ein und schwächen den Baum zusätzlich so stark, dass er abstirbt. Kein Wunder, dass er versucht, sich durch die Produktion von Abwehrstoffen gegen die Plagegeister zu wehren. Dauert der Befall trotzdem an, so hilft die Bildung einer dickeren Borke, durch die die Läuse schließlich abgestreift werden. Danach ist der Baum zumindest für einige Jahre vor weiterem Befall geschützt. Eine mögliche Infektion ist dabei nicht das einzige Problem. Läuse sorgen mit ihrem Appetit für einen gigantischen Nährstoffentzug. Pro Quadratkilometer Wald können die kleinen Plagegeister den Bäumen mehrere Hundert Tonnen reinen Zucker abzapfen – Zucker, der später zum Wachstum oder als Reserve für das kommende Jahr fehlt.

Für viele Tiere sind Blattläuse jedoch ein Segen. Zunächst einmal profitieren weitere Insekten wie Marienkäfer, die genüsslich eine Laus nach der anderen vertilgen. Waldameisen dagegen lieben den Zuckersaft und schlürfen ihn direkt von deren Hinterteil. Um den Vorgang zu beschleunigen, betrillern sie es mit ihren Fühlern, wodurch ein Reiz ausgelöst wird, der die Blattlaus zum Urinieren zwingt. Und damit keine anderen Räuber auf die Idee kommen, solch wertvolle Läusekolonien einfach zu fressen, werden die Tiere von den

Ameisen beschützt. Es ist eine regelrechte Kleinviehhaltung, die dort oben in den Baumkronen betrieben wird. Und was die Ameisen nicht verwerten können, bleibt nicht einfach ungenutzt. Der süße Film, der die Vegetation rund um den befallenen Baum überzieht, wird rasch von Pilzen und Bakterien besiedelt. Dabei verfärbt er sich schimmelig schwarz.

Unsere Honigbienen nutzen übrigens ebenfalls Blattlausfäkalien. Sie saugen die süßen Tropfen ein, transportieren sie zum Bienenstock, würgen sie dort wieder hervor und verarbeiten sie dann zu dunklem Waldhonig. Er ist bei Käufern besonders begehrt, obwohl er mit Blüten absolut nichts zu tun hat.

Gallmücken und -wespen gehen wesentlich raffinierter vor. Anstatt die Blätter anzustechen, programmieren sie diese um. Dazu legen die erwachsenen Tiere ihre Eier an die Blätter von Buchen oder Eichen. Die schlüpfenden Larven beginnen zu fressen, und durch chemische Verbindungen in ihrem Speichel beginnt aus dem Blatt eine Schutzhülle zu wachsen. Ob zipfelig (Buche) oder kugelrund (Eiche), im Inneren ist der Insektennachwuchs vor Fressfeinden geschützt und kann in Ruhe vor sich hin mümmeln. Im Herbst fallen die Gebilde mitsamt ihren Insassen herunter, die sich verpuppen und bis zum Frühjahr schlüpfen. Speziell an Buchen kann es zu massenhaftem Befall kommen, der den Bäumen aber nur wenig schadet.

Schmetterlingsraupen hingegen haben es nicht auf Zuckersaft, sondern gleich auf die ganzen Blätter und Nadeln abgesehen. Bei einzelnen Exemplaren macht das den Bäumen nichts aus, doch in regelmäßigen Zyklen kommt es zu Massenvermehrungen. So etwas habe ich vor einigen Jahren in einem Eichenbestand meines Reviers erlebt. Es war Juni, als mir die Bäume, die den steilen Südhang eines Bergs bedeckten, mit Erschrecken ins Auge fielen. Das frisch ausgetriebene

Laub war weitestgehend verschwunden, der Wald stand kahl vor mir wie im Winter. Als ich aus dem Jeep ausstieg, hörte ich ein lautes Rauschen wie bei heftigem Gewitterregen. Doch das Wetter mit dem strahlend blauen Himmel konnte kaum die Ursache sein. Nein, es war der Kot von Millionen Raupen des Eichenwicklers, der mir als schwarze Kügelchen tausendfach auf Kopf und Schultern prasselte – igitt! Ähnliches ist Jahr für Jahr in den großen Kiefernwäldern Ost- und Norddeutschlands zu beobachten. Die Massenvermehrung von Schmetterlingsarten wie der Nonne oder des Kiefernspanners wird durch die eintönigen Wirtschaftswälder begünstigt. Meist treten im späteren Verlauf Viruserkrankungen auf, die die Populationen wieder zusammenbrechen lassen.

Der Fraß der Raupen endet mit kahlen Kronen im Juni, und die Bäume mobilisieren nun ihre letzten Reserven, um noch einmal auszutreiben. Das gelingt in der Regel gut, sodass schon wenige Wochen später kaum noch etwas von der Fressattacke zu sehen ist. Das Wachstum der Bäume hält sich allerdings in Grenzen, was später im Holz an einem besonders dünnen Jahresring abzulesen ist. Werden die Bäume jedoch zwei bis drei Jahre hintereinander befallen und komplett entlaubt, sterben viele von ihnen entkräftet. Neben den Schmetterlingsraupen mischen an den Kiefern auch Buschhornblattwespen mit. Sie verdanken ihren Namen den büschelartigen Fühlern der Männchen, für die Bäume ist jedoch der Appetit der Larven entscheidend: Bis zu zwölf Nadeln je Tag verschwinden in ihren Mäulchen, was für die Kiefern schnell bedrohlich wird.

Wie Bäume mithilfe von Duftstoffen nach Schlupfwespen und anderen Räubern rufen, um die Plage wieder loszuwerden, habe ich bereits im Kapitel »Die Sprache der Bäume« beschrieben. Es gibt allerdings noch eine andere Strategie, wie die Vogelkirsche zeigt. An ihren Blättern befinden sich

Nektardrüsen, aus denen der gleiche süße Saft wie in den Blüten kommt. In diesem Fall ist er für Ameisen gedacht, die nun hier einen Großteil des Sommers verbringen. Und wie wir Menschen mögen diese Insekten nicht immer nur Süßigkeiten, sondern gerne zwischendurch auch einmal etwas Herzhaftes. Das holen sie sich in Form von Raupen und befreien dadurch die Kirsche von den ungebetenen Gästen. Allerdings funktioniert das nicht immer so, wie vom Baum gewünscht. Der Schmetterlingsnachwuchs wird zwar vertilgt, doch den Ameisen reicht offenbar die abgegebene Menge an süßem Saft manchmal nicht, weswegen sie beginnen, Blattläuse zu halten. Die Tiere stechen die Blätter an und geben den Ameisen, wenn sie durch diese mit den Fühlern betrillert werden, tröpfchenweise zuckerhaltigen Saft ab.

Die gefürchteten Borkenkäfer gehen grundsätzlich aufs Ganze. Sie suchen geschwächte Bäume und versuchen, sie zu besiedeln. Dabei gibt es nur das Prinzip »alles oder nichts«: Entweder gelingt die Attacke eines einzelnen Käfers, und dann ruft er per Duftbotschaft Hunderte seiner Artgenossen herbei, die den Stamm abtöten. Oder das erste sich einbohrende Insekt wird vom Baum getötet, und damit ist das Buffet für alle anderen abgeblasen. Objekt der Begierde ist das Kambium, die glasklare Wachstumsschicht zwischen Rinde und Holz. Hier wächst der Stamm, in dem nach innen Holz- und nach außen Rindenzellen gebildet werden. Das Kambium ist saftig und mit Zucker sowie Mineralstoffen prall gefüllt. Es ist sogar für den Menschen eine Art Notnahrung, wie Sie selbst im Frühjahr ausprobieren können. Wenn Sie eine frisch vom Wind umgeworfene Fichte finden, können Sie die Rinde mit dem Taschenmesser abziehen. Dann fahren Sie mit der Klinge flach über den Stamm und schälen lange, ein Zentimeter breite Streifen ab. Das Kambium schmeckt wie schwach harzige Möhren und ist sehr nahrhaft. Das finden die Borkenkäfer auch und bohren deshalb Gänge in die Rinde, um ihre Eier nahe dieser Kraftquelle abzulegen. Hier können sich die Larven gut geschützt vor Feinden dick und fett fressen. Gesunde Fichten wehren sich mit Terpenen und phenolischen Substanzen, die die Käfer sogar abtöten können. Selbst wenn das nicht gelingt, so verkleben sie die Insekten mit Harztröpfchen. Doch Forscher in Schweden fanden heraus, dass die Käfer mittlerweile aufgerüstet haben. Es sind einmal mehr Pilze, die sich am Körper der Tiere befinden und in deren Schlepptau beim Einbohren unter die Rinde gelangen. Hier entschärfen sie die chemischen Abwehrwaffen der Fichten und wandeln sie in harmlose Substanzen um. Da die Pilze schneller wachsen, als die Käfer bohren, sind sie diesen immer ein wenig voraus. Dadurch kommen die Borkenkäfer nur auf entgiftetes Terrain und können ungefährdet fressen.[33] Einer massenhaften Vermehrung steht nun nichts mehr im Wege, und die zu Tausenden schlüpfenden Jungkäfer können anschließend sogar gesunde Bäume angreifen. Einen solchen Massenansturm halten viele Fichten nicht aus.

Grober zur Sache gehen große Pflanzenfresser. Sie brauchen täglich mehrere Kilogramm Nahrung, doch die ist im tiefen Wald rar. Durch den Lichtmangel grünt am Boden kaum etwas, und die saftigen Blätter hoch oben in den Kronen sind unerreichbar. Daher gibt es von Natur aus nur wenige Rehe und Hirsche in diesem Ökosystem. Ihre Chance ist dann gekommen, wenn ein alter Baum umstürzt. In der Folge kommt für einige Jahre Licht auf den Boden, und neben kleinen Bäumen können für kurze Zeit auch Kräuter und Gräser wachsen. Auf diese grünen Inseln stürzen sich die Tiere, sodass der Bewuchs rasch zurückgestutzt wird. Mit dem Licht kommt der Zucker, und der macht den Baumnachwuchs attraktiv. Normalerweise enthalten seine kleinen, kümmerlichen Knospen im Dämmerlicht unter den Mutterbäumen kaum Nährstoffe. Das bisschen, was sie zum Überleben im Wartestand brauchen, pumpen ihnen die Eltern über die Wurzeln hinüber. Durch den Zuckermangel schmecken die Knospen bitter und zäh, sodass sie jedes Reh links liegen lässt. Kommt aber Sonne an die zarten Bäumchen, dann blühen sie regelrecht auf. Die Fotosynthese kommt in Gang, die Blätter werden kräftiger und saftiger, und die Knospen, die sich über den Sommer für das nächste Frühjahr bilden, sind dick und nährstoffreich. Das müssen sie auch sein, denn der Nachwuchs will ja nun Gas geben, schnell nach oben wachsen, bevor sich das Lichtfenster wieder schließt. Doch dieses Aufdrehen macht Rehe aufmerksam, die sich die Leckerbissen nicht entgehen lassen. Und nun entbrennt ein Wettlauf über einige Jahre zwischen dem Baumnachwuchs und den Tieren. Gelingt es den kleinen Buchen, Eichen oder Tannen, so flott zu wachsen, dass die Tiermäuler nicht mehr an den wichtigen Haupttrieb heranreichen? Meist erwischt es nicht alle Bäumchen einer kleinen Gruppe, sodass immer ein paar Exemplare unbeschädigt nach oben streben können. Diejenigen, deren Gipfeltrieb jedoch gefressen wurde, wachsen fortan krumm und kurvig. Rasch werden sie von unbeschädigten Schösslingen überwachsen, sterben schließlich durch Lichtmangel ab und werden wieder zu Humus.

Ein vom Umfang her großer Räuber ist der Hallimasch, dessen harmlos wirkende Fruchtkörper im Herbst oft an Baumstümpfen erscheinen. Doch sieben heimische Hallimascharten, nur schwer voneinander zu unterscheiden, sind keine Baumfreunde, ganz im Gegenteil: Mit ihrem Myzel, den unterirdischen weißen Ausläufern, dringen sie in die Wurzeln von Fichten, Buchen, Eichen und anderen Baumarten ein. Anschließend wachsen sie unter der Rinde nach oben und zeigen fächerartige weiße Gebilde. Ihr geraubtes Gut, zunächst vorwiegend Zucker und Nährstoffe aus dem Kambium (der innersten Rindenschicht), wird in dicken Strängen abtransportiert. Diese wurzelartigen schwarzen Leitungen stellen eine Besonderheit im Reich der Pilze dar. Mit den süßen Stoffen begnügen sich Hallimasche aber nicht, denn im weiteren Verlauf fressen sie auch Holz und lassen ihren Wirtsbaum damit verfaulen. Am Ende der Entwicklung stirbt dieser schließlich ab.

Der Fichtenspargel, der zu den Heidekrautgewächsen gehört, geht wesentlich subtiler vor. Er besitzt keinerlei Grün und treibt nur aus, um eine unscheinbar hellbraun gefärbte Blüte zu bilden. Eine Pflanze, die nicht grün ist, beinhaltet kein Chlorophyll (Blattgrün) und kann somit auch keine Fotosynthese betreiben. Der Fichtenspargel ist daher auf fremde Hilfe angewiesen. Er mogelt sich unter die Mykorrhizapilze – die Helfer der Baumwurzeln –, und da er kein Licht braucht, können es selbst dunkelste Fichtenbestände sein. Dort zapft er die Nährstoffströme an, die zwischen Pilzen und Bäumen fließen, und greift sich eine Portion ab. Ähnlich, aber fast ein wenig scheinheilig, macht es der Wald-Wachtelweizen. Er liebt ebenfalls Fichten und klinkt sich in das Wurzel-Pilz-System ein, um ungefragt mitzuessen. Seine oberirdischen Teile sind immerhin pflanzentypisch grün und können tatsächlich ein wenig Licht und CO_2 zu Zucker umwandeln. Viel mehr als ein Alibi ist das allerdings nicht.

Bäume bieten aber noch wesentlich mehr als nur Nahrung. Junge Exemplare werden als mechanisches Scheuergerät von Tieren missbraucht. So müssen männliche Rehe und Hirsche ihr jährlich nachwachsendes Geweih von der Haut, der sogenannten Bastschicht, befreien. Dazu suchen sie sich ein Bäumchen, das dick genug ist, um nicht so leicht abzubrechen, aber gleichzeitig auch ein wenig biegsam. Hier toben sich die Herren der Schöpfung über Tage aus, bis der letzte juckende Hautfetzen abgescheuert ist. Die Rinde der Bäumchen ist es dann allerdings auch, sodass sie danach häufig absterben. Bei der Wahl der Baumart setzen Rehe und Hirsche auf Seltenes. Ob Fichte, Buche, Tanne oder Eiche, genommen wird stets das, was lokal eine Rarität ist. Wer weiß – vielleicht ist es der Duft der abgeriebenen Rinde, der wie ein exotisches Parfüm wirkt. Bei uns ist es ja ähnlich: Was selten ist, ist heiß begehrt.

Spätestens mit zehn Zentimeter Stammdurchmesser ist das Spiel jedoch vorbei. Bei den meisten Baumarten ist die Rinde nun so dick, dass sie den ungestümen Geweihträgern widersteht. Zudem sind sie nun so stabil, dass sie nicht mehr federn und zwischen den Enden der Hörner hindurchpassen. Doch zumindest Hirsche haben nun noch ein anderes Bedürfnis. Normalerweise würden sie gar nicht im Wald leben, denn sie brauchen als Nahrung hauptsächlich Gras. Da dies in einem natürlichen Wald eine absolute Rarität ist, zudem kaum in den Mengen vorkommt, die ein ganzes Rudel braucht, bleiben die majestätischen Tiere lieber in der Steppe. Doch in den Flusstälern, wo durch Hochwasser immer wieder offenes Grasland geschaffen wird, leben schon wir Menschen. Jeder Quadratmeter wird entweder für Städtebau oder Landwirtschaft genutzt. Daher haben sich die Hirsche in den Wald zurückgezogen, den sie allenfalls nachts verlassen. Doch als typische Pflanzenfresser brauchen sie rund um die Uhr faserreiche Nahrung. Wo nichts anderes zu holen ist, vergreifen sie sich in ihrer Not an der Baumrinde. Im Sommer, wenn der Baum voller Wasser ist, lässt sich seine Haut leicht abschälen. Die Tiere beißen mit ihren Schneidezähnen (die sich nur im Unterkiefer befinden) hinein und ziehen ganze Bahnen von unten nach oben ab. Im Winter, wenn die Bäume schlafen und die Rinde trocken ist, gelingt nur das Herausnagen kleiner Schnipsel. Wie auch immer, für Bäume ist dieses Treiben nicht nur äußerst schmerzhaft, sondern sogar lebensgefährlich. Denn durch die riesigen offenen Wunden dringen Pilze auf großer Fläche ein und zersetzen rasch das Holz. Ein schnelles Schließen durch Überwallung ist aufgrund der Ausdehnung nicht mehr möglich. Ist der Baum unter Urwaldbedingungen, also schön langsam, aufgewachsen, dann kann er selbst solche heftigen Rückschläge verdauen. Sein Holz weist nur winzigste Jahresringe auf, ist zäh und dicht und macht es den eindringenden Pilzen sehr schwer. Ich habe schon öfter solche Baum-Jugendlichen gesehen, die es dann nach Jahrzehnten doch noch geschafft haben und die Wunde schließen konnten. Bei gepflanzten Bäumen unserer Wirtschaftswälder ist das allerdings anders. Sie sind in der Regel sehr rasch gewachsen, weisen große Jahresringe auf und enthalten dadurch im Holz viel Luft. Luft und Feuchtigkeit – das ist ideal für Pilze. Und so kommt es, wie es kommen muss: Schon in mittlerem Alter bricht der geschädigte Baum ab. Lediglich die viel kleineren Wunden aus dem Winter kann er wieder schließen, ohne dass es dauerhafte Folgen hat.

Sozialer Wohnungsbau

Selbst wenn die Bäume für sämtliche bisher beschriebenen Zwecke schon zu dick sind, geht die Nutzung durch Tiere munter weiter. Die Riesen können zu begehrten Wohnungen werden, ein Dienst, den sie aber nicht freiwillig anbieten. Denn vor allem der dicke Stamm alter Exemplare ist unter Vögeln, Mardern und Fledermäusen beliebt. Dick deswegen, weil entsprechend starke Wände besonders gut gegen Hitze und Kälte isolieren. Den Anfang macht meist ein Bunt- oder Schwarzspecht. Er hackt ein Loch in den Stamm, allerdings nur wenige Zentimeter tief. Im Gegensatz zur weit verbreiteten Meinung, die Vögel würden nur in morschen Bäumen bauen, suchen sie sich oft gesunde Exemplare aus. Würden Sie in ein baufälliges Eigenheim einziehen, wenn Sie nebenan einen Neubau errichten dürften? Spechte wollen ebenfalls, dass ihre Nisthöhle dauerhaft und stabil ist. Und obwohl sie gut und feste auf das gesunde Holz einschlagen, wären sie doch mit der raschen Fertigstellung überfordert. Daher machen sie nach dem ersten Abschnitt eine Pause von vielen Monaten und hoffen auf die Mithilfe von Pilzen. Für diese ist das eine willkommene Einladung, denn normalerweise könnten sie nicht durch die Rinde eindringen. So aber besiedeln sie rasch die Öffnung und beginnen, das Holz zu zersetzen. Für den Baum ist das ein doppelter Angriff, für den Specht dagegen Arbeitsteilung. Denn nach einiger Zeit sind die Fasern so mürbe, dass der Weiterbau viel leichter vonstattengeht. Eines Tages ist es dann so weit, und die Höhle ist bezugsfertig. Dem krähengroßen Schwarzspecht reicht das aber noch nicht aus, und so zimmert er mehrere Höhlen gleichzeitig. In der einen brütet er, in der anderen wird geschlafen, und weitere dienen dem Tapetenwechsel. Jedes Jahr werden die Höhlen aufgefrischt, was Sie an den Holzspänen zu Füßen der Bäume erkennen können. Eine Auffrischung ist deshalb notwendig, weil sich die eingedrungenen Pilze nun nicht mehr stoppen lassen. Sie fressen sich immer tiefer in den Stamm hinein, verwandeln das Holz zu feuchtem Mulm, in dem es sich nicht gut brüten lässt. Schmeißt der Specht diesen Krempel hinaus, dann wird die Höhle ein Stück größer. Irgendwann ist sie dann zu groß und vor allem zu tief für den Vogelnachwuchs, der ja schließlich zum Erstflug aus dem Eingang klettern muss. Spätestens jetzt kommen Nachmieter zum Zug. Das sind Arten, die nicht selbst in Holz bauen können. Der Kleiber etwa, ein spechtähnlicher, aber kleinerer Vogel, hämmert ähnlich auf totem Holz herum, um an Käferlarven zu kommen. Er baut sein Nest gerne in alten Buntspechthöhlen. Doch dabei hat er ein Problem. Durch das für ihn zu große Einflugloch könnten seine Feinde eindringen und seine Brut ausrauben. Um dies zu vermeiden, verkleinert er es mit Lehm, den er kunstvoll um den Rand kittet. Apropos Feinde: Bäume bieten ihren Untermietern unfreiwillig einen speziellen Service an, der mit ihren Holzeigenschaften zu tun hat. Holzfasern leiten Schall besonders gut, und das ist der Grund, warum aus diesem Werkstoff Musikinstrumente wie Geigen oder Gitarren gebaut werden. Wie gut die Leitung funktioniert, können Sie mit einem einfachen Experiment selbst ausprobieren. Legen Sie Ihr Ohr an das dünnere Ende eines gefällten, langen Stamms, und bitten Sie eine zweite Person, am dickeren Ende mit einem Steinchen kleine, vorsichtige Klopf- oder Kratzzeichen zu geben. Das ist durch den Stamm erstaunlich deutlich zu hören, während es still ist, sobald Sie den Kopf wieder entfernen. Dieses Prinzip nutzen

Vögel in Baumhöhlen als Alarmanlage. Es sind allerdings keine harmlosen Klopfzeichen, sondern Marder- oder Eichhörnchenkrallen, welche die Geräusche verursachen. Das ist hoch oben im Baum zu hören, und den Vögeln bleibt die Chance zur Flucht. Ist das Nest mit Jungtieren belegt, dann können sie zumindest versuchen, die Angreifer abzulenken, was allerdings oft nicht gelingt. Dann bleiben immerhin die Elterntiere am Leben und können den Verlust durch eine zweite Brut kompensieren.

Für Fledermäuse ist das weniger ein Thema, denn sie haben ganz andere Sorgen. Die kleinen Säugetiere benötigen viele Baumhöhlen gleichzeitig, um ihre Jungen aufzuziehen. Bei der Bechsteinfledermaus sind es kleine Gruppen von Weibchen, die gemeinsam ihren Nachwuchs aufziehen. Wenige Tage nur werden im selben Quartier verbracht, bevor schon der nächste Umzug angesagt ist. Der Grund sind Parasiten. Würde die ganze Saison in derselben Höhle gewohnt, dann könnten sich diese explosionsartig vermehren und die geflügelten Nachtjäger bis aufs Blut peinigen. Der Umzug in kurzem Rhythmus unterbindet dies und lässt die Parasiten einfach zurück.

Eulen passen nicht so gut durch Spechtlöcher und müssen sich daher noch einige Jahre gedulden. Denn in dieser Zeit fault der Baum stetig vor sich hin, und manchmal öffnet sich dabei der Stamm weiter, sodass der Einschlupf größer wird. Oft sind es sogenannte Spechtflöten, die den Vorgang beschleunigen. Dabei handelt es sich quasi um Etagenwohnungen von Spechten, die dicht übereinanderliegen. Durch Fäulnisvorgänge gehen sie langsam fließend ineinander über und sind dann irgendwann reif für Waldkauz und Co.

Und der Baum? Er versucht sich verzweifelt zu wehren. Eigentlich ist es ohnehin zu spät, noch gegen Pilze vorzugehen, denn denen stand nun jahrelang Tür und Tor offen.

Doch er kann seine Lebensspanne erheblich verlängern, wenn er es schafft, wenigstens die äußeren Verletzungen in den Griff zu bekommen. Gelingt ihm dies, dann fault er zwar innen aus, bleibt aber trotzdem so stabil wie ein hohles Stahlrohr und kann noch über 100 Jahre älter werden. Diese Reparaturmaßnahmen können Sie an Wülsten um die Spechtlöcher erkennen. Ganz selten nur schafft der Baum es tatsächlich, die Eingänge allmählich zu schließen. Meist hackt der Erbauer das frische Holz gnadenlos wieder weg.

Der ausfaulende Stamm wird nun zur Heimat komplexer Lebensgemeinschaften. So siedeln sich etwa Holzameisen an, die das modrige Holz zernagen und daraus kartonartige Nester bauen. Die Wände durchtränken sie mit Honigtau, den zuckrigen Ausscheidungen der Blattläuse. Auf diesem Substrat gedeihen Pilze, die mit ihrem Geflecht das Nest stabilisieren. Zahllose Käferarten sind auf den Mulm angewiesen, das verrottende Material im Inneren der Höhle. Durch die über Jahre andauernde Entwicklungszeit der Larve brauchen sie langfristig stabile Verhältnisse, also Bäume, die über Jahrzehnte hinweg absterben und somit lange erhalten bleiben. Dadurch bleibt die Höhle für Pilze und andere Insekten attraktiv, die dafür sorgen, dass von oben ständig ein Regen aus Kot und Holzkrümeln in den Mulm rieselt. Auch Fledermäuse sowie Eulen und Siebenschläfer lassen ihren Kot hinab in die dunkle Tiefe fallen. Dadurch erhält der Mulm laufend Nährstoffnachschub, von dem sich beispielsweise der Bluthals-Schnellkäfer ernährt.[34] Oder die Larven des Eremiten, eines bis zu vier Zentimeter großen schwarzen Käfers. Der Eremit ist sehr lauffaul und verbringt am liebsten sein ganzes Leben am Fuße eines ausgefaulten Stamms in der Dunkelheit der Höhle. Und da er kaum fliegt oder läuft, können viele Generationen einer Familie über Jahrzehnte hinweg im selben Baum leben. Damit ist klar, warum es so wichtig ist, diese alten Bäume zu erhalten. Werden sie beseitigt, so können die schwarzen Kerlchen nicht einfach ein paar Kilometer weiter zum nächsten Exemplar wandern, weil ihnen dazu schlicht die Puste fehlt.

Selbst wenn der Baum eines Tages den Kampf aufgeben muss und in einem Sturm abbricht, so hat er dennoch Wertvolles für die Gemeinschaft geleistet. Auch wenn die Zusammenhänge noch nicht vollständig erforscht sind, so weiß man doch, dass mit der Erhöhung der Artenvielfalt eine Stabilisierung des Ökosystems Wald einhergeht. Je mehr Spezies unterwegs sind, desto weniger kann sich eine einzelne auf Kosten der anderen ausbreiten, weil immer sofort ein Gegenspieler zur Stelle ist. Und selbst der Kadaver kann durch seine bloße Anwesenheit noch wertvolle Dienste für den Wasserhaushalt der lebenden Bäume leisten, wie wir im Kapitel »Die hölzerne Klimaanlage« gesehen haben.

Mutterschiffe der Biodiversität

Die meisten Tiere, die auf Bäume angewiesen sind, tun diesen nichts zuleide. Sie nutzen die Stämme oder die Krone lediglich als besonderen Lebensraum, der durch die verschiedenen Feuchtigkeitszonen und die Lichtverhältnisse kleine ökologische Nischen schafft. Hier finden ungezählte Spezialisten ein Zuhause. Insbesondere die oberen Etagen des Waldes sind nur spärlich erforscht, da die Wissenschaftler dort nur mit teuren Kran- oder Turmkonstruktionen untersuchen können. Um den Aufwand gering zu halten, werden manchmal rabiate Methoden eingesetzt. So sprühte Baumforscher Dr. Martin Goßner vor einigen Jahren den mit rund 600 Jahren ältesten und mit 52 Meter Höhe und zwei Meter Durchmesser (in Brusthöhe) mächtigsten Baum des Nationalparks Bayerischer Wald ein. Das verwendete Mittel, Pyrethrum, ist ein Insektizid, welches sämtliche Spinnen und Insekten, die in der Krone gelebt hatten, zu Boden purzeln ließ – tot. Immerhin wurde so offenbar, wie artenreich das Leben dort oben ist. 2041 Tiere zählte der Forscher, die sich 257 Arten zuordnen ließen.[35]

Sogar spezielle Feuchtbiotope gibt es in den Kronen zu finden. Gabelt sich ein Stamm zu einem Zwiesel auf, dann fängt sich an diesem Einschnitt Regenwasser. Diese Minitümpel sind das Zuhause von Mückenlarven, von denen seltene Käferarten leben. Schwieriger wird es für Tiere, wenn sich der Niederschlag in Höhlen im Stamm sammelt. Dort ist es dunkel, und die modrig-trübe Brühe enthält sehr wenig Sauerstoff. Larven, die sich im Wasser entwickeln, können unter solchen Verhältnissen nicht atmen. Es sei denn, sie besitzen einen Schnorchel, wie der Nachwuchs der Hummelschwebfliege. Sie können ihr Atemrohr teleskopartig ausfahren und damit in den winzigen Gewässern überleben. Da sich außer Bakterien kaum etwas darin regt, ernähren sich die Larven wahrscheinlich von ihnen.[36]

Nicht jeder Baum wird von Spechten zum Höhlenbaum erkoren und fault irgendwann aus, längst nicht alle siechen langsam vor sich hin und bieten dabei vielen spezialisierten Arten besondere Lebensräume. Sei es ein Sturm, der den mächtigen Stamm bricht, seien es Borkenkäfer, die innerhalb weniger Wochen die Rinde zerstören und das Blattwerk verdorren lassen, bei vielen Exemplaren ist das Leben schlagartig zu Ende. Damit ändert sich auch das Ökosystem Baum gravierend. Tiere und Pilze, die auf einen ständigen Feuchtigkeitsnachschub durch die Baumadern oder Zuckernachschub aus der Krone angewiesen sind, müssen den Kadaver verlassen oder ebenfalls sterben. Eine kleine Welt hat aufgehört zu existieren. Oder gerade erst damit begonnen?

»Und wenn ich geh, dann geht nur ein Teil von mir« – dieser Satz aus einem Schlager von Peter Maffay könnte von einem Baum geschrieben worden sein. Denn der tote Körper ist für den Kreislauf des Waldes nach wie vor unverzichtbar. Er hat über Jahrhunderte hinweg Nährstoffe aus dem Boden gesaugt, in Holz und Rinde gespeichert und stellt dadurch einen kostbaren Schatz für seine Kinder dar. Doch die kommen nicht so ohne Weiteres an die Köstlichkeiten heran. Sie brauchen dazu die Hilfe anderer Organismen. Sobald der abgebrochene Stamm auf den Boden aufgeschlagen ist, beginnt an ihm und an dem Wurzelstock ein kulinarischer Staffellauf für Tausende Pilz- und Insektenarten. Jede hat sich auf ein bestimmtes Zersetzungsstadium und hier wieder auf einzelne Bestandteile spezialisiert. Daher können diese Spezies auch niemals lebende Bäume gefährden – die wären ihnen viel zu frisch. Mürbe Holzfasern, angefaulte und feuchte Zellen, das mundet ihnen vorzüglich. Bei den Mahlzeiten und ihrer gesamten Entwicklung lassen sie sich viel Zeit, wie etwa der Hirschkäfer demonstriert. Er selbst lebt als erwachsenes Insekt nur wenige Wochen, um sich zu paaren. Die meiste Zeit verbringt das Tier als Larve, die sich langsam durch zerbröselnde Laubholzwurzeln frisst. Um sich eines Tages dick und fett verpuppen zu können, braucht sie bis zu acht Jahre.

Mindestens ebenso langsam sind Konsolenpilze. Sie heißen so, weil sie wie ein Bord in Form eines halbierten Tellers am abgestorbenen Stamm sitzen. Ein solcher Vertreter ist der Rotrandige Baumschwamm. Er ernährt sich von den weißen Zellulosefasern des Holzes und lässt nach seiner Mahlzeit braune, bröckelige Würfel zurück. Sein Fruchtkörper, besagter Halbteller, klebt immer schön waagerecht am Stamm. Nur so ist gewährleistet, dass aus den Röhrchen der Unterseite Sporen zur Vermehrung herausrieseln können. Kippt der morsche Baum eines Tages um, so versiegelt der Pilz die Röhrchen und wächst fortan quer zum bisherigen Fruchtkörper weiter, damit sich ein neuer, waagerechter Teller bilden kann.

Zwischen manchen Pilzen findet ein erbitterter Kampf um die Nahrungsgründe statt, wie man gut an aufgesägtem Totholz erkennen kann: Hier zeigen sich marmorierte Strukturen aus hellerem und dunklerem Gewebe, die durch schwarze Linien scharf voneinander abgegrenzt sind. Die unterschiedlichen Farbschattierungen stammen von verschiedenen Pilzarten, die sich durch das Holz arbeiten. Sie grenzen ihr Territorium gegen andere Spezies mit dunklen, undurchdringlichen Polymeren ab, die damit für unsere Augen die Kampflinie markieren.

Insgesamt ist ein Fünftel aller Tier- und Pflanzenarten auf Totholz angewiesen, das sind rund 6000 bisher bekannte Spezies.[37]

Ihre Nützlichkeit liegt im besagten Nährstoffrecycling, doch können sie einem Wald auch gefährlich werden? Schließlich könnten sie auf die Idee kommen, bei Totholzmangel einfach lebende Bäume zu verspeisen. Immer wieder höre ich diese Sorge von Waldbesuchern, und auch der ein oder andere private Waldbesitzer entfernt aus diesem Grund jeden abgestorbenen Stamm. Doch das ist überflüssig. Bei solchen Aktionen werden nur unnötig wertvolle Lebensräume zerstört, denn Totholzbewohner vermögen mit lebenden Bäumen gar nichts anzufangen. Das Holz ist nicht mürbe genug, es ist zu feucht und enthält zu viel Zucker. Davon abgesehen wehren sich Buchen, Eichen oder Fichten gegen die Besiedlung. Gesunde Bäume in ihrem natürlichen Verbreitungsgebiet halten fast jeder Attacke stand, wenn sie gut ernährt sind. Und dazu trägt nun mal die Armada der kleinen Knilche bei, solange sie eine Lebensgrundlage vorfinden. Manchmal ist Totholz sogar für die Bäume unmittelbar von Bedeutung, denn der liegende Stamm kann die Wiege für den eigenen Nachwuchs sein. So keimen Fichtensämlinge besonders gut auf dem toten Körper ihrer Eltern, was wissenschaftlich-unappetitlich mit Kadaververjüngung bezeichnet wird. Das weiche, faule Holz speichert sehr gut Wasser, ein Teil seiner Nährstoffe ist schon durch Pilze und Insekten wieder freigesetzt worden. Es taucht nur ein winziges Problem auf: Der Stamm bleibt als Ersatzerde nicht dauerhaft erhalten, sondern wird immer weiter abgebaut, bis er eines Tages komplett zu Humus und damit im Boden verschwunden ist. Was aber passiert dann mit den Bäumchen? Ihre Wurzeln werden nach und nach freigelegt und verlieren dabei ihren Halt. Doch da sich der Vorgang über Jahrzehnte hinzieht, folgen die Ausläufer dem abgebauten Holz in den Boden. Der Stamm solchermaßen aufgewachsener Fichten steht anschließend auf Stelzen, deren Höhe den Durchmesser des ehemaligen liegenden Mutterbaums zeigt.

Winterschlaf

Im Spätsommer liegt eine eigenartige Stimmung über den Wäldern. Kronen haben ihr üppiges Grün gegen ein verwaschenes Gelbgrün eingetauscht. Es scheint, als würden mehr und mehr Bäume müde werden und erschöpft auf das Ende einer anstrengenden Saison warten. Ebenso wie bei uns nach einem arbeitsreichen Tag steht nun eine wohlverdiente Pause an.

Braunbären halten Winterschlaf, Haselmäuse tun dies auch, aber Bäume? Gibt es bei ihnen überhaupt so etwas wie eine Ruhe, gar vergleichbar mit unseren nächtlichen Pausen? Der Braunbär ist als Vergleich sehr gut geeignet, denn er verfügt über eine ähnliche Strategie. Im Sommer und Frühherbst frisst er sich eine dicke Speckschicht an, um im Winter davon zu zehren. Genau dies tun unsere Baumarten auch. Sie fressen natürlich keine Blaubeeren oder Lachse, sondern tanken kräftig Sonne und bilden mit ihrer Hilfe Zucker und andere Reservestoffe. Doch diese lagern sie genauso in ihrer Haut ein wie der Bär. Da sie allerdings nicht dicker werden können (das machen nur ihre Knochen, also das Holz), können sie nur ihr Gewebe mit Nährstoffen füllen. Und während der Bär weiter frisst, was ihm vor die Nase kommt, sind die Bäume irgendwann einfach satt. Speziell bei Wildkirschen, Vogelbeeren oder Elsbeeren kann man das ab August sehr gut sehen. Obwohl sie noch viele schöne Sonnentage bis Oktober nutzen könnten, fangen sie an, sich rot zu verfärben. Das bedeutet nichts anderes, als dass sie den Laden für dieses Jahr schließen. Ihre Tanks unter der Rinde und in den Wurzeln sind voll, eine zusätzliche Zuckerproduktion wäre nicht mehr unterzubringen. Während der Bär munter weiterfuttert, schaut bei diesen Arten schon das Sandmännchen vorbei. Die meisten anderen Spezies haben anscheinend größere Reservoirs und betreiben hungrig und ohne Unterbrechung Fotosynthese bis zu den ersten strengen Frösten. Jetzt müssen auch sie aufhören und alle Aktivitäten einstellen. Einer der Gründe ist das Wasser. Es muss in flüssigem Zustand sein, damit der Baum arbeiten kann. Gefriert sein »Blut«, dann geht nichts mehr, ganz im Gegenteil. Das Holz kann beim Durchfrieren wie eine Wasserleitung platzen, wenn es zu nass ist. Daher beginnen die meisten Arten, schon ab Juli die Feuchte und damit ihre Aktivität allmählich zu drosseln. Ganz auf Winterbetrieb können sie jedoch aus zwei Gründen noch nicht umstellen. Erstens gilt es (sofern man nicht zur Verwandtschaft der Kirsche gehört), die letzten warmen Spätsommertage zum Krafttanken zu nutzen, und zweitens müssen bei den meisten Baumarten noch Reservestoffe aus den Blättern zurück in Stamm und Wurzeln geholt werden. Vor allem das Grün, also das Chlorophyll, wird in seine Bestandteile zerlegt, damit es im nächsten Frühjahr wieder in großen Mengen in das neue Laub eingebracht werden kann. Wird dieser Farbstoff abgepumpt, dann kommen gelbe und braune Töne zum Vorschein, die auch vorher schon im Blatt vorhanden waren. Sie bestehen aus Carotinen und haben möglicherweise eine Warnfunktion. Blattläuse und andere Insekten suchen um diese Zeit Unterschlupf in Rindenspalten, um vor niedrigen Temperaturen geschützt zu sein. Gesunde Bäume signalisieren ihre Abwehrbereitschaft für das kommende Frühjahr über kräftig leuchtende Herbstblätter.[38] Für den Nachwuchs von Blattlaus und Co. wäre dies ungünstig, weil solche Exemplare besonders stark mit Giften reagieren können. Daher suchen sie sich schwächere und weniger bunte Exemplare aus.

Doch warum überhaupt der ganze Aufwand? Viele Nadelbäume machen doch vor, dass es auch anders geht. Sie behalten einfach die ganze grüne Pracht an den Zweigen und pfeifen auf die jährliche Erneuerung. Um vor dem Erfrieren der Nadeln geschützt zu sein, lagern sie Frostschutzmittel ein. Damit der Baum im Winter kein Wasser verdunstet, überzieht er die Oberfläche der Nadeln mit einer dicken Wachsschicht. Zudem ist ihre Haut fest und hart, und die kleinen Atemöffnungen sind extra tief in der Oberfläche versenkt. Alle Maßnahmen zusammen verhindern wirkungsvoll Wasserverluste. Solche Verluste wären insofern tragisch, weil aus dem gefrorenen Boden kein Nachschub mehr kommt, der Baum also austrocknen würde und dann durch Verdursten sterben könnte.

Laub ist dagegen weich und zart, also praktisch wehrlos. Kein Wunder, dass Buchen und Eichen sich schleunigst entblättern, sobald der Frost naht. Aber warum haben diese Arten eigentlich im Laufe der Evolution nicht ebenfalls eine dickere Hülle und Frostschutzmittel entwickelt? Ist es tatsächlich sinnvoll, jedes Jahr pro Baum bis zu einer Million Blätter neu zu bilden, diese nur ein paar Monate zu nutzen, um sie dann wieder mühevoll abzustoßen? Die Evolution hat diese Frage anscheinend bejaht, denn als sich vor rund 100 Millionen Jahren Laubbäume entwickelten, waren die Nadelbäume schon seit 170 Millionen Jahren auf diesem Planeten. Laubbäume sind also eine vergleichsweise moderne Entwicklung. Ihr Verhalten im Herbst ist bei genauerem Hinsehen tatsächlich sehr sinnvoll. Sie weichen damit einer entscheidenden Kraft aus: den Winterstürmen. Wenn diese ab Oktober durch die Wälder pusten, dann geht es für viele Bäume um Leben und Tod. Ab 100 km/h können die Winde große Exemplare umwerfen, und 100 km/h werden in manchen Jahren im Wochenrhythmus erreicht. Durch herbstliche Regenfälle ist dann der Boden stark aufgeweicht, sodass die Wurzeln in dem schwammigen Erdreich kaum Halt finden. An einem ausgewachsenen Stamm zerrt der Sturm mit Kräften von umgerechnet 200 Tonnen Gewicht. Wer schlecht gerüstet ist, hält das nicht aus und kippt. Doch Laubbäume sind gut vorbereitet. Um windschnittiger zu werden, werfen sie all ihre Sonnensegel ab. So verschwindet die gewaltige Gesamtfläche von 1200 Quadratmetern[39] und sinkt auf den Waldboden. Umgerechnet wäre dies so, als würde ein Segelschiff mit einem 40 Meter hohen Mast sein Hauptsegel mit den Maßen von 30 × 40 Metern einrollen. Das ist aber noch nicht alles. Stamm und Äste sind so ausgeformt, dass der Luftwiderstandsbeiwert teilweise unter dem moderner Pkw liegt. Zudem ist die Gesamtkonstruktion so flexibel, dass die Kräfte einer harten Windböe abgefedert und im Baum verteilt werden. All diese Maßnahmen zusammen bewirken, dass Laubbäumen im Winter kaum etwas passiert. Bei außergewöhnlich starken Orkanen, wie sie nur alle fünf bis zehn Jahre auftreten, hilft den Bäumen die Gemeinschaft. Jeder Stamm ist anders, weist eine eigene Geschichte und damit auch einen individuellen Holzfaserverlauf auf. Das führt dazu, dass jeder Baum nach der ersten Böe, die alle Bäume gleichzeitig in eine Richtung biegt, unterschiedlich schnell zurückfedert. Und meist sind es die folgenden Böen, die einem Baum den Garaus machen, weil er mitten in einer heftigen Schwankung erneut gebogen wird – nur diesmal noch tiefer. Doch in einem intakten Wald wird jedem geholfen. Schwingen die Kronen zurück, so schlagen sie aneinander, da sie ja individuell zurückpendeln. Während die eine noch in der Rückwärtsbewegung ist, wiegt sich die andere schon wieder nach vorn. Die Folge ist ein sanfter Aufprall, der bei beiden Bäumen ein Abbremsen bewirkt. Kommt der nächste Windstoß, so sind sie schon fast zum Stillstand gekommen, und der Kampf beginnt von Neuem. Es ist immer wieder faszinierend, das Spiel der Kronen zu sehen und damit gleichzeitig die Sozialgemeinschaft und ihre einzelnen Individuen zu beobachten. Abgesehen davon natürlich, dass es kein guter Rat ist, bei Sturm einen Wald zu betreten.

Zurück zum Laubfall. Dass er sinnvoll ist, dass sich die Kraftanstrengung der jährlichen Neuproduktion lohnt, beweisen die Bäume mit jedem überstandenen Winter. Dieser birgt jedoch noch ganz andere Gefahren. Da wäre etwa der Schneefall. Sind besagte 1 200 Quadratmeter Blattoberfläche verschwunden, dann kann sich die weiße Decke nur noch auf die Zweige legen, und dies bedeutet, dass der größte Teil auf den Boden durchfällt. Noch größere Lasten als Schnee vermag Eis zu erzeugen. Wetterlagen leicht unter dem Gefrierpunkt, dazu ein harmloser Nieselregen, das durfte ich vor einigen Jahren erleben. Drei Tage lang hielt diese ungewöhnliche Witterung an, und mit jeder Stunde bangte ich mehr um den Wald. Denn der Niederschlag lagerte sich in Sekundenschnelle an den gefrorenen Zweigen an und beschwerte diese zusehends. Das sah wunderschön aus: Alle Bäume wurden in einen gläsernen Überzug gehüllt. Dabei bogen sich junge Birkenwäldchen kollektiv um, und ich schrieb sie schweren Herzens innerlich schon ab. Bei erwachsenen Bäumen waren es vor allem Nadelbäume, meist Douglasien und Fichten, die bis zu zwei Drittel ihrer grünen Kronenäste verloren, die mit lautem Knall abbrachen. Das schwächte die Bäume enorm, und es wird noch Jahrzehnte dauern, bis die Kronen wieder vollständig aufgebaut sind.

Die umgebogenen Jungbirken aber haben mich überrascht: Als das Eis etliche Tage später wieder taute, richteten sich 95 Prozent der Stämme wieder auf. Nun, einige Jahre später, ist den Birken kaum noch etwas anzumerken. Natürlich gab es trotzdem einige, die den Aufschwung nicht mehr geschafft haben. Sie sind abgestorben, ihre morschen Stämmchen irgendwann gebrochen, und verwandeln sich nun langsam zu Humus.

Laubfall ist also eine wirksame Schutzmaßnahme und wie maßgeschneidert für das Klima unserer Breiten. Und nebenbei für die Bäume endlich eine Gelegenheit, einmal auf die Toilette zu gehen. Ähnlich wie wir mit unserem Gang aufs stille Örtchen vor dem Zubettgehen entledigen auch sie sich überflüssiger Stoffe, die sie ausscheiden möchten. Diese rieseln dann in den abgeworfenen Blättern zu Boden. Das Abstoßen des Laubs ist ein aktiver Vorgang, der Baum darf dazu also noch nicht schlafen. Nachdem die Reservestoffe zurück in den Stamm geflossen sind, bildet er eine Trennschicht, die die Verbindung zu den Zweigen kappt. Nun genügt schon ein leichter Windstoß, und die Blätter rieseln herab. Erst danach kann sich ein Baum zur Ruhe begeben. Und das muss er auch, um sich von den Strapazen der vorangegangenen Saison zu erholen. Schlafentzug bei Bäumen hat eine ähnliche Wirkung wie bei uns Menschen: Er ist lebensgefährlich. Das ist der Grund, warum Eichen oder Buchen, in Töpfe gepflanzt, in unserem Wohnzimmer nicht überleben können. Wir lassen sie hier nicht zur Ruhe kommen, und so sterben sie meist noch im ersten Jahr.

Bei der Baumjugend, die im Schatten der Eltern steht, gibt es einige deutliche Abweichungen von der Standard-Prozedur des Laubfalls. Wenn der Mutterbaum seine Blätter verliert, gelangt auf einmal reichlich Sonnenlicht auf den Boden. Daher warten die Jungspunde regelrecht auf diesen Zeitpunkt und tanken im hellen Licht viel Energie. Meist werden sie dabei von den ersten Frösten überrascht. Liegen diese deutlich unter dem Gefrierpunkt, etwa bei Nachtfrösten ab –5° C, dann werden alle Bäume zwangsweise müde und beginnen ihren Winterschlaf. Die Bildung einer Trennschicht ist dann nicht mehr möglich, ein Blattabwurf ausgeschlossen. Für die Zwerge spielt das keine Rolle. Durch ihre geringe Größe kann sie kein Wind in Gefahr bringen, und selbst Schnee ist nur ganz selten wirklich ein Problem. Im Frühjahr nutzen die Jungbäume die gleiche Chance noch einmal. Sie treiben zwei Wochen vor den großen Bäumen aus und sichern sich damit ein ausgiebiges Sonnenfrühstück. Doch woher weiß der Nachwuchs, wann er loslegen muss? Er kennt ja nicht den Termin, zu dem die Mutterbäume austreiben möchten. Es sind die milden Temperaturen, die in Bodennähe herrschen und hier den Frühling tatsächlich ungefähr zwei Wochen früher einläuten als 30 Meter höher oben in den Kronen. Dort verzögern raue Winde und klirrend kalte Nächte die warme Jahreszeit noch ein wenig. Die alten Bäume halten allein durch ihre überschirmenden Zweige heftige Spätfröste am Boden in Grenzen; die Laubschicht über der Erde wirkt wie ein wärmender Komposthaufen, der das Thermometer um ein paar Grad ansteigen lässt. Zusammen mit den im Herbst gewonnenen Tagen erhält der Nachwuchs einen Monat freie Wuchszeit – das sind immerhin knapp 20 Prozent der Vegetationszeit.

Unter Laubbäumen gibt es unterschiedliche Verhaltensweisen in Bezug auf Sparsamkeit. Vor dem Laubfall werden die Reservestoffe in die Zweige zurückgezogen. Doch einigen Bäumen scheint das völlig gleichgültig zu sein. So werfen Erlen munter einfach die sattgrünen Blätter zu Boden, als würde es kein Morgen geben. Sie stehen allerdings auch meist in sumpfig-nährstoffreichem Gelände und können sich offenbar den Luxus leisten, das Chlorophyll jedes Jahr neu zu produzieren. Die Ausgangsstoffe dafür werden ja zu ihren Füßen von Pilzen und Bakterien aus den alten Blättern recycelt und können dann wieder von den Wurzeln aufgenommen werden. Auch auf die Rückführung von Stickstoff können sie verzichten, denn sie leben in Symbiose mit Knöllchenbakterien, die ihnen ständig genug davon zur Verfügung stellen. Pro Jahr und Quadratkilometer Erlenwald können die kleinen Helfer bis zu 30 Tonnen aus der Luft ziehen und für die Wurzeln ihrer Baumfreunde zur Verfügung stellen.[40] Das ist mehr, als die meisten Bauern als Dünger auf ihren Feldern verstreuen. Während sich viele Arten um ein sparsames Wirtschaften bemühen, demonstrieren die Erlen ihren Reichtum. Ähnlich machen es die Eschen und auch der Holunder. Durch das grüne Abwerfen tragen diese Verschwender nichts zur herbstlichen Färbung der Wälder bei – bunt sind eben nur die Sparfüchse. Nein, das stimmt nicht ganz. Gelb, Orange und Rot kommen durch den Abzug des Chlorophylls zum Vorschein, aber auch diese Carotinoide und Anthocyane werden anschließend zerlegt. Die Eiche ist so eine vorsichtige Art, die alles einpackt und nur noch braunes Laub abwirft. Bei der Buche ist von Braun bis Gelb alles dabei, während Kirschen rötliche Blätter verlieren.

Kommen wir noch einmal zu den Nadelbäumen zurück, die ich in diesem Zusammenhang ein wenig stiefmütterlich behandelt habe. Auch hier gibt es eine Kandidatin, die ihre Blätter wie die Laubbäume abwirft: die Lärche. Warum ausgerechnet sie auf dasselbe Prinzip setzt und alle anderen Nadelbäume nicht, ist mir nicht bekannt. Vielleicht ist das evolutionäre Rennen um die beste Methode zu überwintern einfach noch nicht entschieden. Denn das Belassen der Nadeln bringt zwar Startvorteile im Frühjahr, weil die Bäume sofort und ohne umständliches Austreiben loslegen können. Tatsächlich vertrocknen aber oft viele Triebe, weil der Boden noch gefroren ist, die Krone jedoch schon in der Frühlingssonne kräftig erwärmt wird und mit der Fotosynthese beginnt. Speziell die Nadeln aus dem letzten Jahr, die noch keine dicke Wachsschicht haben, machen dann schlapp, weil sie die Verdunstung nicht bremsen können, wenn die Gefahr erkannt ist.

Ansonsten wechseln Fichten, Kiefern, Tannen und Douglasien ihre Nadeln ebenfalls, denn auch sie müssen ja auf Toilette gehen. Dazu stoßen sie die ältesten ab, die schon beschädigt und kaum mehr leistungsfähig sind. Tannen behalten dann immer noch zehn, Fichten sechs und Kiefern drei Jahrgänge, erkennbar an den jeweiligen Zweigabschnitten. Speziell Kiefern, bei denen so ein Viertel des Grüns abgeworfen wird, können im Winter etwas gerupft wirken. Im Frühjahr kommt mit den frischen Trieben dann ein neuer Jahrgang hinzu, der die Kronen wieder gesund aussehen lässt.

Zeitgefühl

Der Laubfall im Herbst und der Neuaustrieb im Frühjahr sind in unseren Breiten selbstverständliche Erscheinungen in den Wäldern. Doch bei genauerer Betrachtung ist der Vorgang ein großes Wunder, denn die Bäume benötigen dafür vor allem eines: ein Zeitgefühl. Woher sollen sie wissen, dass es wieder Winter wird oder dass steigende Temperaturen nicht nur ein kurzes Intermezzo sind, sondern den Frühling einläuten?

Dass wärmere Tage der Auslöser für den Laubaustrieb sind, klingt logisch, denn schließlich taut nun auch das gefrorene Wasser im Baumstamm auf und kann wieder fließen. Erstaunlicherweise treiben die Knospen aber umso früher aus, je kälter der vorangegangene Winter war. Forscher der TU München testeten dies im Klimalabor.[41] Je wärmer die kalte Jahreszeit, desto später begrünten sich etwa Buchenzweige – und das klingt zunächst unlogisch. Denn viele andere Pflanzen, beispielsweise Kräuter, werden dann oft schon im Januar aktiv und beginnen sogar zu blühen, wie regelmäßige Sensationsmeldungen in der Presse belegen. Ist es bei Bäumen vielleicht so, dass sie ohne frostige Temperaturen keinen erholsamen Winterschlaf haben und daher im Frühjahr nicht richtig in die Gänge kommen? Wie auch immer, im Zuge des Klimawandels ist das eher negativ, denn andere Arten, die nicht so müde sind und ihr neues Laub schneller bilden, erhalten so einen Vorteil.

Wie oft haben wir schon wärmere Phasen im Januar oder Februar erlebt, ohne dass sich bei Eichen und Buchen frisches

Grün gezeigt hätte? Woher wissen sie, dass es noch nicht Zeit ist, neue Triebe zu bilden? Zumindest bei Obstbäumen ist man dem Rätsel ein wenig auf die Spur gekommen. Offenbar können die Bäume zählen! Erst wenn eine bestimmte Anzahl an warmen Tagen überschritten wird, trauen sie der Situation und stufen sie als Frühling ein.[42] Doch warme Tage allein machen noch keinen Frühling.

Das Abwerfen und Neuaustreiben des Laubs hängt nämlich nicht nur von der Temperatur ab, sondern auch von der Tageslänge. Buchen etwa legen erst dann los, wenn es täglich mindestens 13 Stunden hell ist. Das ist insofern erstaunlich, weil die Bäume dazu über eine Art Sehvermögen verfügen müssen. Naheliegend ist es, so etwas in den Blättern zu suchen – schließlich sind sie mit einer Art von Solarzellen bestückt, mithin also bestens für den Empfang von Lichtwellen gerüstet. Im Sommerhalbjahr ist das tatsächlich so, doch im April ist das Laub ja noch nicht an den Zweigen. Ganz geklärt ist es bis heute nicht, vermutlich sind es aber die Knospen, die mit dieser Fähigkeit ausgestattet sind. In ihnen ruhen die zusammengefalteten Blätter, und nach außen sind sie mit braunen Schuppen bedeckt, um ein Austrocknen zu verhindern. Schauen Sie sich diese Schuppen einmal genauer an, wenn der Austrieb losgeht, indem Sie sie gegen das Licht halten. Richtig, sie sind durchscheinend! Wahrscheinlich reichen geringste Mengen, um die Tageslänge zu registrieren, wie man von den Samen mancher Ackerunkräuter weiß. Dort genügen bereits die schwachen Strahlen des nächtlichen Monds, um das Keimen auszulösen. Doch auch der Baumstamm kann Licht registrieren. In der Rinde der meisten Arten sitzen winzige schlafende Knospen. Sobald der Nachbarstamm stirbt oder umfällt, kommt mehr Sonne herein und löst bei manchen Exemplaren das Austreiben dieser Knospen aus, damit der Baum das zusätzliche Lichtangebot nutzen kann.

Und wie merken Bäume, dass die wärmeren Tage nicht dem Spätsommer, sondern dem Frühling zuzurechnen sind? Es ist die Kombination von Tageslänge und Temperatur, die die richtige Reaktion auslöst. Steigende Temperaturen gehören zum Frühling, fallende zum Herbst – das können Bäume ebenfalls registrieren. Aus diesem Grund passen sich heimische Arten wie Eiche oder Buche auch dem gegenteiligen Rhythmus der Südhalbkugel an, wenn sie etwa nach Neuseeland exportiert und dort gepflanzt werden. Und etwas anderes wäre damit auch nebenbei bewiesen: Bäume müssen ein Gedächtnis haben. Wie sonst sollten sie innerlich Vergleiche der Tageslänge anstellen, wie sonst die warmen Tage zählen?

In besonders warmen Jahren mit hohen Temperaturen im Herbst können Sie Bäume entdecken, deren Zeitgefühl durcheinandergeraten ist. Ihre Knospen schwellen im September, und einige Exemplare treiben sogar neue Blätter aus. Solche Schussel müssen dann allerdings die Konsequenzen tragen, wenn die verspäteten Fröste doch noch eintreffen. Das Gewebe der frischen Triebe ist nicht verholzt, das Laub ohnehin wehrlos. Also erfriert das neue Grün, und das tut sicher weh. Daneben sind die Knospen für das nächste Frühjahr verloren, sodass aufwendig Ersatz gebildet werden muss. Wer nicht aufpasst, der verliert also Kraft und ist in der kommenden Saison schlechter gerüstet.

Bäume brauchen das Zeitgefühl aber nicht nur für ihr Laub. Mindestens ebenso wichtig ist diese Fähigkeit für ihren Nachwuchs. Fallen die Samen im Herbst zu Boden, so sollen sie ja nicht sofort keimen, denn dann tauchen zwei Probleme auf: Zum einen können die zarten Schösslinge nicht mehr verholzen, also hart und zäh für den Winter werden, sodass sie erfrieren würden. Zum anderen gibt es in der kalten Jahreszeit für Rehe und Hirsche kaum etwas zu fressen, und sie würden sich mit Vorliebe auf das frische Grün stürzen. Besser ist es da, zusammen mit all den anderen Pflanzenarten im Frühjahr auszutreiben. Dazu können die Samen Kälte registrieren, und erst wenn auf klirrenden Frost längere Wärmeperioden folgen, trauen sich die Baumkinder aus ihrer Hülle. Ein ausgeklügelter Zählmechanismus wie in Bezug auf den Blattaustrieb ist bei vielen Samen nicht erforderlich. So ruhen Bucheckern und Eicheln, eingegraben von Eichelhäher und Eichhörnchen, zentimetertief in der Erde. Hier unten wird es erst warm, wenn der richtige Frühling kommt. Leichtgewichte wie die Samen von Birken müssen da schon mehr aufpassen, weil sie mit ihren kleinen Flügeln stets oben auf dem Boden landen und liegen bleiben. Je nach Standort kann das auch schon einmal im prallen Sonnenschein sein, deshalb müssen die Winzlinge wie ihre großen Eltern die richtige Tageslänge registrieren und abwarten.

Charaktersache

An der Landstraße zwischen meinem Heimatdorf Hümmel und der nächsten Ortschaft im Ahrtal stehen drei Eichen. Sie sind ein markantes Element in der Feldflur, die nach diesen Bäumen benannt ist. Ihr Abstand ist außergewöhnlich eng: Die hundertjährigen Stämme trennen nur wenige Zentimeter voneinander. Damit sind sie für mich ein ideales Beobachtungsobjekt, weil die Umweltbedingungen für alle drei Bäume identisch sind. Boden, Wasser, lokales Kleinklima, all dies kann sich nicht innerhalb eines Meters dreifach unterscheiden. Wenn sich nun die Eichen unterschiedlich verhalten, dann kann es nur an ihren individuell verschiedenen Eigenschaften liegen. Und sie verhalten sich unterschiedlich! Wenn die Bäume im Winter ohne Blattwerk sind oder im Sommer in vollem Laub stehen, bemerkt der vorbeirauschende Autofahrer nicht, dass es drei Bäume sind. Ihre Kronen gehen ineinander über und bilden eine gemeinsame große Halbkugel. Die dicht stehenden Stämme könnten auch aus einer einzigen Wurzel kommen, wie es bei gefällten und dann wieder austreibenden Exemplaren der Fall ist. Dass es sich ganz anders verhält, demonstriert das Kleeblatt im Herbst. Während die rechte Eiche sich schon verfärbt, bleiben die mittlere und die linke noch in vollem Grün. Erst ein bis zwei Wochen später folgen sie ihrer Kollegin in den Winterschlaf. Doch wenn der Standort identisch ist, was kann dann der Grund für das unterschiedliche Verhalten sein? Es ist tatsächlich Charaktersache, wann ein Baum das Laub abwirft. Denn abwerfen muss er es, wie wir im vorangegangenen Kapitel erfahren haben.

Doch wann ist der richtige Zeitpunkt gekommen? Bäume können den nahenden Winter nicht erahnen, wissen nicht, ob er streng oder mild ausfallen wird. Sie registrieren die abnehmende Tageslänge und die sinkenden Temperaturen. Wenn sie denn sinken. Oft gibt es im Herbst noch spätsommerlich warme Luft, und nun kommen die drei Eichen in die Zwickmühle. Sollen sie die milden Tage noch nutzen, weiter Fotosynthese betreiben und schnell noch ein paar Extrakalorien Zucker bunkern? Oder gehen sie lieber auf Nummer sicher und werfen ihr Laub ab, falls doch ein plötzlicher Frosteinbruch kommt und sie zwangsweise in den Winterschlaf schickt? Offenbar entscheidet das jeder der drei Bäume anders. Der rechte ist ein wenig ängstlicher oder positiv ausgedrückt: vernünftiger. Was nutzen zusätzliche Vorräte, wenn man das Laub nicht mehr abwerfen kann und den ganzen Winter über in Lebensgefahr schwebt? Also rechtzeitig runter damit und ab ins Reich der Träume! Die beiden anderen Eichen sind etwas mutiger. Wer weiß, was das nächste Frühjahr bringt, wie viel Kraft eine plötzliche Insektenattacke verschlingt und was danach noch an Reservestoffen übrig ist. Daher bleiben sie einfach länger grün und füllen ihre Tanks unter der Rinde und in den Wurzeln randvoll. Bisher hat sich diese Vorgehensweise stets bewährt, doch wer weiß, wie lange noch. Denn die Herbsttemperaturen bleiben durch den Klimawandel immer länger hoch, das riskante Spiel mit dem Laub zieht sich manchmal bis in den November hinein. Doch die Herbststürme beginnen nach wie vor pünktlich im Oktober, sodass das Risiko steigt, vollbelaubt umgeworfen zu werden. Vorsichtige Bäume haben nach meiner Einschätzung künftig eine bessere Überlebenschance.

Ähnliches ist bei den Stämmen von Laubbäumen, aber auch von Weißtannen zu beobachten. Laut Baumknigge haben sie lang und glatt zu sein, also ohne Äste in der unteren

Baumhälfte. Das ist sinnvoll, denn dort herrscht Lichtmangel. Gibt es keine zu verarbeitenden Sonnenstrahlen, dann werden unnötige Körperteile, die nur Nahrung verbrauchen würden, einfach stillgelegt. Das ist so ähnlich wie bei unseren Muskeln, die bei Nichtgebrauch vom Körper verkleinert werden, um Kalorien zu sparen. Abbauen können Bäume die Äste aber nicht selber, sie können sie nur absterben lassen. Den Rest müssen Pilze erledigen, die das tote Holz befallen. Irgendwann ist es morsch, bricht herunter und wird am Boden endgültig zu Humus recycelt. An der Abbruchstelle der Äste haben die Bäume nun ein Problem. Hier können die Pilze munter weiter in den Stamm hineinwachsen, denn eine schützende Rindenschicht gibt es nicht. Noch nicht, aber das kann man ja ändern. Waren die Äste nicht zu dick (bis drei Zentimeter), dann dauert es nur wenige Jahre, und die Stelle ist wieder zugewachsen. Von innen können die Bäume diesen Bereich erneut mit Wasser durchtränken, was die Pilze zum Absterben bringt. Waren die Äste jedoch sehr dick, so dauert das alles zu lange. Die Wunde bleibt über Jahrzehnte offen und bildet das Einfallstor, durch das die Pilze bis tief in das Holz vordringen können. Der Stamm fault aus und wird zumindest ein wenig instabiler. Genau deshalb schreibt der Knigge im unteren Stammbereich nur dünne Äste vor. Sind sie im weiteren Wachstumsverlauf erst einmal abgefallen, dann dürfen sie unter keinen Umständen neu gebildet werden. Doch genau das machen einige Exemplare. Stirbt nebenan ein Kollege ab, dann nutzen sie das einfallende Licht, um unten neue Knospen auszutreiben. Daraus bilden sich dicke Äste, die zunächst durchaus vorteilhaft sind. So können diese Bäume die günstige Gelegenheit zur Fotosynthese doppelt nutzen: in der Krone und am Stamm. Doch eines Tages, vielleicht 20 Jahre später, haben auch die ringsherum stehenden Bäume ihre Kronen so weit vergrößert, dass die Lücke wieder geschlossen ist. Es wird in der unteren Etage erneut dunkel, und die dicken Äste sterben ab. Jetzt rächt sich die Gier nach Sonne, denn wie schon beschrieben marschieren nun die Pilze tief in den Stamm der Ignoranten und gefährden sie damit. Dass ein solches Verhalten tatsächlich individuell und folglich eine Charaktersache ist, können Sie bei Ihrem nächsten Waldspaziergang selbst überprüfen. Schauen Sie sich die Bäume an, die um eine kleine Lichtung herum stehen. Alle haben den gleichen Anreiz, Dummheiten zu machen und neue Äste am Stamm zu bilden, doch nur ein Teil von ihnen erliegt der Versuchung. Der Rest hält seine Rinde makellos glatt und vermeidet das vorhersehbare Risiko.

Der kranke Baum

Statistisch gesehen haben die meisten Baumarten das Potenzial, sehr alt zu werden. In dem Bestattungswald meines Reviers fragen mich Käufer eines Baums immer wieder, wie alt denn ihr Exemplar werden könne. Es sind meist Buchen oder Eichen, die sie sich aussuchen, und deren Normalwert liegt nach aktuellem Kenntnisstand bei 400–500 Jahren. Doch was ist eine Statistik bezogen auf den Einzelfall wert? Genau wie bei uns Menschen – nichts. Denn der vorgezeichnete Weg eines Baums kann sich eines Tages aus vielerlei Gründen ändern. Sein Gesundheitszustand ist davon anhängig, wie stabil der Wald als Ökosystem ist. Temperatur, Feuchtigkeit und Belichtung sollten sich nie abrupt ändern, denn Bäume haben ein sehr langsames Reaktionsvermögen. Aber selbst wenn alle äußeren Umstände optimal sind, so lauern doch ständig Insekten, Pilze, Bakterien und Viren auf ihre Chance, endlich einmal zuzuschlagen. Grundsätzlich kann das nur gelingen, wenn der Baum aus seiner Balance gerät. Im Normalzustand teilt er sich seine Kräfte genau ein. Ein großer Teil wird für das tägliche Leben verwendet. Er muss atmen, die Nahrung »verdauen«, seine Pilzfreunde mit Zucker versorgen, jeden Tag ein wenig wachsen und eine stille Reserve zur Abwehr von Schadorganismen bereithalten. Diese Reserve kann jederzeit aktiviert werden und beinhaltet je nach Baumart eine Reihe von Abwehrstoffen, die es in sich haben. Es sind die sogenannten Phytonzide, die eine antibiotische Wirkung entfalten. Dazu wurden beeindruckende Versuche durchgeführt. Der Leningrader Biologe Boris Tokin beschrieb bereits 1956 Folgendes: Gibt man zu einem Tropfen Wasser, der Urtierchen enthält, einen Tropfen zerriebener Fichten- oder Kiefernnadeln hinzu, dann werden die Lebewesen in weniger als einer Sekunde getötet. In der gleichen Schrift beschreibt Tokin, dass die Luft in jungen Kiefernwäldern durch die den Nadeln entströmenden Phytonzide fast keimfrei ist.[43] Bäume können ihre Umgebung also regelrecht desinfizieren. Das ist aber noch nicht alles. Walnussbäume gehen mit den Inhaltsstoffen ihrer Blätter gegen Insekten vor, und zwar so wirksam, dass dies zu einer klaren Empfehlung für Gartenliebhaber führt: Wenn Sie eine lauschige Bank aufstellen wollen, dann unter den Kronen von Walnüssen. Hier ist die Chance, von Mücken gestochen zu werden, am geringsten. Die Phytonzide von Nadelbäumen können Sie besonders gut riechen: Es ist der würzige Waldduft, der speziell an heißen Sommertagen intensiv wahrzunehmen ist.

Gerät das sorgsam austarierte Gleichgewicht der Wachstums- und Verteidigungskräfte in Schieflage, dann kann ein Baum erkranken. Die Ursache liegt beispielsweise im Tod eines Nachbarn. Nun fällt plötzlich viel Licht auf die Krone, und jetzt bricht die Gier nach mehr Fotosynthese durch. Das ist durchaus sinnvoll, denn nur etwa einmal pro Jahrhundert gibt es so eine Chance. Der plötzlich im Sonnenlicht stehende Baum lässt nun alles stehen und liegen und konzentriert sich ausschließlich auf das Wachstum seiner Zweige. Das muss er auch, denn die umstehenden Kollegen machen dasselbe, sodass sich die Lücke in der (für Bäume) kurzen Zeit von etwa 20 Jahren wieder schließt. Die Triebe werden rasch länger und legen pro Jahr anstatt wenige Millimeter bis zu 50 Zentimeter zu. Das kostet Kraft, die nicht mehr für die Abwehr von Krankheiten und Parasiten zur Verfügung steht. Hat der Baum Glück, dann geht alles gut, und er hat nach dem Schließen der Lücke seine Krone vergrößert. Nun macht er Pause und pendelt sich wieder im persönlichen Gleichgewicht der Kräfte ein. Wehe jedoch, wenn im Wachstumsrausch etwas schiefgeht! Ein Pilz, der unbemerkt einen Aststummel befällt und entlang des toten Holzes in den Stamm wandert, ein Borkenkäfer, der den Himmelsstürmer zufällig anpikst und feststellt, dass keine Gegenreaktion kommt: Schon ist es passiert. Der scheinbar vor Gesundheit strotzende Stamm wird mehr und mehr befallen, weil die Energie zur Mobilisierung von Abwehrstoffen fehlt. Schon zeigen sich ob der Attacken in der Krone erste Reaktionen. Bei Laubbäumen sterben die vitalen obersten Triebe plötzlich ab, sodass dicke Aststummel ohne Seitenzweige in die Luft ragen. Nadelbäume zeigen erste Reaktionen, indem sie weniger Nadeljahrgänge am Baum halten können. So haben kranke Kiefern oft nicht mehr drei, sondern nur noch ein bis zwei Generationen an den Zweigen, wodurch sich die Kronen deutlich auflichten. Bei Fichten kommt der Lamettaeffekt hinzu, der die Zweige schlapp von den Ästen hängen lässt. Wenig später platzt am Stamm großflächig Rinde ab. Nun kann es ganz schnell gehen. Wie ein Heißluftballon, dem man das Ventil öffnet, sinkt die Krone im Verlauf ihres Absterbens weiter nach unten, da die toten Äste in den Winterstürmen abbrechen. Bei Fichten sieht man das viel besser, denn die oberste verdorrte Spitze solcher Bäume hebt sich von dem Grün der unteren, noch vitalen Etagen deutlich ab.

Ein lebendiger Baum bildet jedes Jahr Ringe im Holz, weil er quasi zum Wachsen verdammt ist. Das Kambium, die klare dünne Schicht zwischen Rinde und Holz, sondert in der Vegetationsperiode nach innen neue Holzzellen und nach außen neue Rindenzellen ab. Vermag ein Baum nicht mehr dicker zu werden, dann stirbt er. Zumindest meinte man das lange. Forscher entdeckten in der Schweiz Kiefern, die äußerlich gesund und voller grüner Nadeln erschienen. Bei genauerer Untersuchung durch Fällung oder Bohrproben stellte man jedoch fest, dass einige Exemplare schon seit über 30 Jahren keinen einzigen neuen Ring im Holz gebildet hatten.[44] Grün benadelte Kiefern, die tot sind? Die Bäume waren vom Wurzelschwamm, einem aggressiven Pilz, befallen worden, woraufhin ihr Kambium abstarb. Dennoch pumpten die Wurzeln weiter Wasser durch die Röhren im Stamm zur Krone und versorgten so die Nadeln mit der lebensnotwendigen Feuchtigkeit. Und die Wurzeln selbst? Wenn das Kambium tot ist, dann ist es die Rinde auch. Zuckerlösung von den Nadeln nach unten zu pumpen ist so nicht mehr möglich. Es können nur benachbarte, gesunde Kiefern gewesen sein, die dem absterbenden Kameraden geholfen haben und dessen Wurzeln mit Nahrung versorgten. Davon habe ich bereits im Kapitel »Freundschaften« berichtet.

Außer Krankheiten ziehen sich viele Bäume im Verlauf ihres Lebens Verletzungen zu. Dafür kann es etliche Ursachen geben. So etwa, wenn ein Nachbarbaum umstürzt. In einem dichten Wald lässt es sich gar nicht vermeiden, dass er dabei einige umstehende Kameraden streift. Geschieht dies im Winter, wenn die relativ trockene Rinde fest am Holz sitzt, dann passiert nicht allzu viel. Meist brechen nur einige Äste ab, ein Schaden, der schon wenige Jahre später nicht mehr zu sehen ist. Gravierender hingegen sind Verletzungen am Stamm, und diese treten vorwiegend während der Sommermonate auf. Jetzt ist das Kambium, die dünne Wachstumsschicht zwischen Holz und Rinde, voller Wasser, glasklar und glitschig. Nun genügen schon geringe Kräfte, und die Außenhaut löst sich leicht ab. Vorbeischrammende Äste eines fallenden Nachbarn können nun meterlange Wunden reißen. Aua! Das feuchte Holz ist ein idealer Landeplatz für Pilzsporen, die sich schon wenige Minuten später einfinden. Aus ihnen wachsen Pilzgeflechte, die sich sogleich an die Mahlzeit aus Holz und Nährstoffen machen. Doch noch kommen sie nicht so recht vorwärts. Im Holz ist einfach zu viel Wasser, und obwohl Pilze es gerne feucht mögen, ist triefende Nässe ihr Tod. Ihr Siegeszug ins Innere des Stamms wird also vorerst noch durch das nasse äußere Splintholz gebremst. Dieses liegt jetzt allerdings offen und kann im äußeren Bereich trocknen. Nun beginnt ein Wettlauf in Zeitlupe. Der Pilz dringt in dem Maße vor, wie das Splintholz seine Feuchtigkeit verliert, und gleichzeitig versucht der Baum, die Wunde wieder zu schließen. Dazu gibt das Gewebe am Rand der Verletzung richtig Gas und wächst besonders schnell aufeinander zu. Pro Jahr kann es bis zu einem Zentimeter Breite des verletzten Holzes bedecken. Nach spätestens fünf Jahren muss der Laden wieder dicht sein. Dann verschließt neue Rinde die alte Wunde, der Baum kann das beschädigte Holz wieder von innen wässern und den Pilz so abtöten. Hat es dieser jedoch aus dem Splintholz in das Kernholz geschafft, dann ist es zu spät. Dieser stillgelegte Teil ist trockener, mithin ideal für den Angreifer, und der Baum kann hier nicht mehr reagieren. Ob er eine Chance hat, hängt also maßgeblich von der Breite der Verletzung ab. Alles deutlich oberhalb von drei Zentimetern wird kritisch. Aber selbst wenn der Pilz gewinnt und es sich im Innersten gemütlich macht, sind noch nicht Hopfen und Malz verloren. Zwar kann er sich nun ungehindert über das Holz hermachen, doch das geschieht ohne Hast. Bis alles aufgefressen und zu Mulm verarbeitet wird, kann durchaus ein Jahrhundert vergehen. Instabil wird der Baum dadurch nicht im Geringsten, denn in die nassen, äußeren Jahresringe des Splints kann der Pilz sich ja nicht ausbreiten. Im Extremfall wird der Baum innen hohl wie ein Ofenrohr. Und genau wie beim Rohr bleibt die Stabilität voll erhalten. Ein fauler Baum muss uns also nicht leidtun, und Schmerzen braucht er wohl auch nicht zu ertragen. Der

Grund: Das innerste Holz ist in der Regel schon stillgelegt und nicht mehr mit lebenden Zellen durchsetzt, und die äußeren Jahresringe, die noch aktiv sind, leiten das Wasser durch den Stamm und sind damit für Pilze viel zu nass.

Hat ein Baum einen Stammschaden erfolgreich überwallt, also wieder verschlossen, dann kann er meist genauso alt werden wie seine unbeschädigten Kameraden. Manchmal allerdings, in besonders kalten Wintern, spielen die alten Wunden wieder eine Rolle. Dann hallt ein Knall wie ein Gewehrschuss durch den Wald, und der Stamm platzt entlang der Verletzungslinie wieder auf. Ursache sind die Spannungsunterschiede im gefrorenen Holz, das bei Bäumen mit einer solchen Vorgeschichte sehr ungleichmäßig aufgebaut ist.

Es werde Licht

Über das Sonnenlicht habe ich schon an mehreren Stellen berichtet, und es hat sich als extrem wichtiger Faktor im Wald herausgestellt. Das klingt banal, schließlich sind Bäume Pflanzen und müssen Fotosynthese betreiben, um zu überleben. Weil in unseren Hausgärten aber stets genügend Sonne die Beete und den Rasen bescheint, sind dort eher das Wasser oder die im Boden gespeicherten Nährstoffe entscheidend für das Pflanzenwachstum. Dass Licht wichtiger ist als die beiden anderen Faktoren, ist in dieser alltäglichen Situation für uns nicht ersichtlich. Und da wir gerne von uns auf andere schließen, übersehen wir, dass ein intakter Wald ganz andere Prioritäten setzt. Hier wird um jeden Strahl gekämpft, und jede Art hat sich auf eine besondere Situation spezialisiert, um wenigstens etwas Energie abzubekommen. Denn im oberen Stockwerk, der Chefetage, machen sich mächtige Buchen, Tannen oder Fichten breit und schlucken 97 Prozent der Sonnenstrahlen. Das ist brutal und rücksichtslos, aber nimmt sich nicht jede Art alles, was sie bekommen kann? Dieses Wettrennen um die Sonne haben Bäume nur deshalb gewonnen, weil sie so lange Stämme bilden können. Lange, stabile Stämme vermag eine Pflanze aber nur zu bilden, wenn sie uralt wird, da im Holz eine enorme Menge an Energie gespeichert ist. So benötigt der Stamm einer ausgewachsenen Buche zum Wachstum so viel Zucker und Zellstoff, wie es dem Ertrag eines 10 000 Quadratmeter großen Weizenfelds entspricht. Klar, dass so ein mächtiges Gebilde nicht ein, sondern 150 Jahre zum Wachstum braucht. Dann aber kann außer anderen Bäumen kaum eine andere Pflanze mehr an ihn heranreichen, und für den Rest des Lebens braucht man sich keine Sorgen mehr zu machen. Der eigene Nachwuchs ist darauf getrimmt, mit dem Restlicht zu überleben, und er wird ja auch noch gestillt. Für das übrige Fußvolk gilt das allerdings nicht, und so musste sich dieses etwas anderes einfallen lassen. Da wären etwa die Frühblüher. Im April überziehen weiße Blütenmeere die braunen Böden unter alten Laubbäumen. Es sind Buschwindröschen, die den Wald verzaubern. Manchmal mischen sich auch gelbe oder blau-violette Blüten darunter, wie etwa die des Leberblümchens. Es erhielt seinen Namen von den Blättern, deren Form ein wenig an die menschliche Leber erinnert. Weil die Blüten so früh im Jahr erscheinen, wird es in manchen Gegenden auch als »Vorwitzchen« bezeichnet. Leberblümchen sind sture Pflänzchen. Wo sie einmal stehen, da wollen sie für immer bleiben, und ihre Verbreitung per Samen geschieht nur sehr langsam. Deshalb sind diese Frühblüher auch nur in Laubwäldern zu finden, die schon viele Jahrhunderte Bestand haben.

Die bunte Gesellschaft scheint sich mit der Blütenpracht schier zu verausgaben. Der Grund für diesen verschwenderischen Aufwand ist ein schmales Zeitfenster, das es zu nutzen gilt. Wenn ab März die Frühlingssonne die Böden erwärmt, halten Laubbäume noch Winterschlaf. Bis Anfang Mai nutzen nun Buschwindröschen und Co. die Chance und produzieren unter den kahlen Riesen Kohlenhydrate für das nächste Jahr. Die Nährstoffe werden in den Wurzeln eingelagert. Nebenbei müssen sich die kleinen Schönheiten auch noch vermehren, was zusätzlich Kraft kostet. Das alles in ein bis zwei Monaten hinzubekommen gleicht einem kleinen Wunder. Denn sobald bei den Bäumen die Knospen aufbrechen, wird es wieder viel zu dunkel, und die Blumen müssen abermals zehn Monate Zwangspause hinnehmen.

Wenn ich vorhin sagte, dass kaum eine andere Pflanze mehr an die Bäume heranreicht, dann liegt die Betonung jetzt auf »kaum«. Denn es gibt tatsächlich Gewächse, die sich in die Kronen hinauf aufmachen. Besonders mühevoll und langwierig ist es, diesen Weg vom Boden aus zu starten. Efeu ist so ein Kandidat: Er beginnt als kleiner Samen am Fuße von Lichtbaumarten, also jenen Arten, die besonders verschwenderisch mit den Sonnenstrahlen umgehen und etliches ungenutzt auf den Boden durchdringen lassen. Unter Kiefern oder Eichen reicht das dem Efeu, um zunächst regelrechte Teppiche auf dem Boden zu bilden. Doch eines Tages beginnt ein Trieb, den Stamm emporzuklettern. Als einzige mitteleuropäische Pflanze benutzt er dazu Haftwurzeln, die sich fest an der Rinde festkrallen. Über viele Jahrzehnte geht es immer weiter nach oben, bis der Efeu schließlich die Baumkrone erreicht. Hier kann er mehrere Hundert Jahre alt werden, wobei solch alte Gesellen eher an Felswänden oder Burgmauern zu finden sind. In der Fachliteratur ist zu lesen, dass dieser Bewuchs den Bäumen nicht schade. Ich kann das aus eigener Beobachtung an unseren Hausbäumen nicht bestätigen, im Gegenteil: Speziell Kiefern, die sehr viel Licht für ihre Nadeln brauchen, nehmen die sich hoch oben ausbreitende Konkurrenz übel. Nach und nach sterben Äste ab, was die Bäume so stark schwächen kann, dass sie eingehen. Und auch die den Stamm umschließende Sprossachse des Efeus, die selbst baumdick werden kann, belastet Kiefern und Eichen wie eine Würgeschlange, die sich um einen menschlichen Körper windet. Deutlicher ist dieser Drosselungseffekt bei einer anderen Art zu sehen: dem Waldgeißblatt. Die Pflanze mit den hübschen, lilienartigen Blüten klettert mit Vorliebe an jüngeren Bäumen empor. Dabei schlingt sie sich so fest um die Stämmchen, dass diese im weiteren Wachstumsverlauf starke, spiralförmige Einschnürungen bekommen. Solche verwachsenen Bäumchen werden, wie bereits erwähnt, gerne als bizarre Wanderstöcke verkauft; viel länger hätten sie in der Natur ohnehin nicht überlebt. Durch den gebremsten Wuchs fallen sie hinter den übrigen Nachwuchs zurück. Selbst wenn sie es schaffen, groß zu werden, so lässt sie doch irgendwann ein Sturm an der gedrehten Stammstelle abbrechen.

Misteln sparen sich die langwierige Prozedur des Emporwachsens. Sie starten lieber gleich ganz oben und lassen ihre klebrigen Samen zu diesem Zweck von Drosseln an Kronenzweige kleben, wenn die Vögel ihren Schnabel daran wetzen. Doch wie kommen sie so hoch oben und ohne jeglichen Bodenkontakt an Wasser und Nährstoffe? Nun, die gibt es in der luftigen Höhe in Hülle und Fülle – in den Bäumen. Dazu senken die Misteln Wurzeln in den Zweig, auf dem sie sitzen, und saugen sich das Benötigte einfach heraus. Immerhin betreiben sie selber Fotosynthese, sodass den Wirtsbäumen »nur« Wasser und Mineralien verloren gehen. Daher bezeichnen Wissenschaftler sie als Halbschmarotzer. Doch das nützt den betroffenen Bäumen wenig, denn im Laufe der Jahre vermehren sich die Misteln in der Krone immer mehr. Befallene Exemplare können Sie zumindest bei Laubbäumen besonders gut in der kalten Jahreszeit erkennen: Manche sind über und über mit den Parasiten besetzt, und in diesem Ausmaß wird es nun bedrohlich. Der ständige Aderlass schwächt die Bäume, denen zudem auch immer mehr Licht entzogen wird. Und als ob das noch nicht reichte, bewirken die Mistelwurzeln in den Ästen eine massive Schwächung der Holzstruktur. Oft kommt es hier nach einigen Jahren zu Brüchen, wodurch sich die Krone verkleinert. Manchmal wird das alles einfach zu viel, und der Baum stirbt.

Weniger schädlich sind andere Pflanzen, die Bäume lediglich als Unterlage benutzen: die Moose. Viele Arten haben keine Wurzeln, die sich in den Boden senken, sondern halten sich lediglich mit Ausläufern auf der Rinde fest. Kaum Licht, keine Nährstoffaufnahme und kein Wasser aus dem Boden, und der Baum wird auch nicht angezapft: Geht das überhaupt? Ja, allerdings nur, wenn man wirklich extrem genügsam ist. Das Wasser fangen die zarten Polster entweder über Tau, Nebel oder Regenschauer auf und speichern es. Meist reicht das jedoch nicht, denn die Bäume wirken entweder wie ein Regenschirm (Fichten und Co.) oder leiten das Wasser mit ihren Ästen gezielt zu ihren Wurzeln (Laubbäume). Im letzteren Fall ist die Lage einfach: Die Moose siedeln sich dort am Stamm an, wo das Wasser nach einem Schauer hinuntersprudelt. Das geschieht nicht gleichmäßig, weil die meisten Bäume ein wenig schief stehen. Auf der Oberseite der schwachen Krümmung bildet sich ein kleiner Bach, der von den Moosen angezapft wird. Nebenbei eignet sich deshalb der Moosbewuchs auch nicht zur Feststellung der Himmelsrichtung. Er soll angeblich die Wetterseite anzeigen, von der aus der Regen gegen den Stamm prasselt und ihn dort befeuchtet. Doch mitten im Wald, wo der Wind gebremst wird, fällt der Regen meist senkrecht herab. Zudem ist jeder Baum in eine andere Richtung gebogen, sodass eine Orientierung am Moosbelag nur Verwirrung stiftet.

Ist die Rinde zudem rau, dann hält sich die Feuchtigkeit in den kleinen Spalten besonders lang. Diese Rauigkeit der Stämme beginnt unten und steigt mit höherem Alter immer weiter Richtung Krone. Daher sitzt das Moos bei jungen Bäumen nur wenige Zentimeter über dem Boden, während es später den unteren Stamm wie ein Kniestrumpf einhüllt. Ein Schaden entsteht dem Baum nicht, und das bisschen Wasser, was sich die kleinen Pflanzen abzweigen, wird dadurch kompensiert, dass sie ja auch wieder Feuchtigkeit abgeben und so das Waldklima positiv beeinflussen. Bliebe noch die Frage nach den Nährstoffen. Wenn sie nicht aus dem Boden kommen, dann bleibt nur noch die Luft. Und es ist eine ganze Menge an Staub, der alljährlich durch die Wälder geweht wird. Ein ausgewachsener Baum kann über 100 Kilogramm ausfiltern, die mit dem Regenwasser den Stamm hinablaufen. Das Gemisch saugen die Moose auf und filtern sich das Brauchbare heraus. Die Nährstoffe sind also abgehakt, nun fehlt nur noch das Licht. In hellen Kiefern- oder Eichenwäldern ist das kein Problem, in dauerhaft dunklen Fichtenwäldern dagegen schon. Hier müssen selbst Asketen passen, weswegen gerade die besonders dichten Jungbestände der Nadelwälder häufig fast moosfrei sind. Erst mit steigendem Baumalter, wenn sich hier und da schon Lücken im Kronendach auftun, kommt genügend Sonne auf den Boden, um diesen ergrünen zu lassen. In alten Buchenwäldern sieht die Sache schon etwas anders aus, denn hier können die Moose die laubfreie Übergangszeit im Frühjahr und Herbst nutzen. Im Sommer wird es dann zwar zu dunkel, aber die Pflanzen sind auf Hunger- und Durstperioden eingerichtet. Manchmal gibt es über mehrere Monate hinweg keinen Niederschlag. Streicheln Sie dann einmal über ein Moospolster: Es ist rascheltrocken. Die meisten Pflanzenarten würden nun absterben, nicht so die Moose. Der nächste kräftige Regenschauer lässt sie wieder quellen – und schon geht das Leben weiter.

Noch genügsamer sind Flechten. Die kleinen graugrünen Gewächse stellen eine Symbiose zwischen Pilzen und Algen dar. Um sich festzuhalten, benötigen sie irgendeine Unterlage, und das sind im Wald nun einmal Bäume. Im Gegensatz zu Moosen klettern sie viel höher an den Stämmen hinauf, da ihr ohnehin extrem langsames Wachstum unter dem Blätterdach nochmals gebremst wird. Oft schaffen sie es selbst nach etlichen Jahren lediglich, einen schimmelig wirkenden Belag auf der Rinde zu bilden, der schon viele Waldbesucher zu der Frage veranlasste, ob die Bäume krank seien. Das sind sie nicht; Flechten tun ihnen nichts zuleide und sind ihnen wahrscheinlich herzlich egal.

Die kleinen Gewächse machen ihr Schneckentempo beim Wachstum durch eine extreme Langlebigkeit wieder wett: Mehrere Hundert Jahre beträgt das Höchstalter und zeigt, dass diese Wesen perfekt an die Langsamkeit der Urwälder angepasst sind.

Straßenkinder

Haben Sie sich auch schon einmal gewundert, warum Mammutbäume in Europa nie besonders groß werden? Obwohl etliche von ihnen bereits 150 Jahre alt sind, hat noch keiner die Höhe von 50 Metern überschritten. In ihrer alten Heimat, beispielsweise den Westküstenwäldern Nordamerikas, erreichen sie spielend die doppelte Größe. Warum bloß klappt das hier nicht? Wenn wir zu den Gedanken über die Baumkindergärten, zu der extremen Langsamkeit in der Jugend zurückkehren, dann könnte man sagen: Das sind ja noch Kinder, was soll man da erwarten! Doch dazu passt nicht der enorme Durchmesser der älteren europäischen Mammutbäume, der oft über 2,5 Meter (gemessen in Brusthöhe) liegt. Wachsen, das können sie offensichtlich, doch irgendwie lenken sie ihre Kräfte in die verkehrte Richtung.

Einen Hinweis, woran das liegen könnte, liefern die Standorte. Oft sind es Parks in Städten, wo die Bäume als exotische Trophäen von Fürsten und Politikern gepflanzt wurden. Was hier vor allem fehlt, ist Wald, oder genauer gesagt, Verwandtschaft. Mit den genannten 150 Jahren sind sie, gemessen an einer möglichen mehrtausendjährigen Lebensspanne, tatsächlich noch Kinder, die hier fern ihrer Heimat ohne Eltern aufwachsen. Keine Onkel, keine Tanten, kein munterer Kindergarten, nein, sie müssen ihr Leben völlig allein auf weiter Flur fristen. Und was ist mit den vielen anderen Bäumen im Park? Bilden sie nicht auch so etwas wie einen Wald, können sie nicht zu Ersatzeltern werden? In der Regel wurden sie zur gleichen Zeit gepflanzt, konnten den kleinen

Mammutbäumen also keinen Schutz und keine Hilfe bieten. Zudem sind sich die Arten sehr, sehr fremd. Mammutbäume von Linden, Eichen oder Blutbuchen aufziehen zu lassen wäre in etwa so, als wollten wir menschliche Säuglinge Mäusen, Kängurus oder Buckelwalen anvertrauen. Es funktioniert nicht, und die kleinen Amerikaner müssen sich allein durchschlagen. Keine Mutter, die sie stillt, die streng darüber wacht, dass der Nachwuchs nicht zu schnell wächst, kein kuschelig feucht-windstilles Waldklima, sondern einfach nur Einsamkeit. Als ob das noch nicht reichte, ist der Boden in den meisten Fällen eine Katastrophe. Wo der Urwald weiche, krümelige, humusreiche und stets feuchte Erde für die zarten Wurzeln bereithält, da bieten die Parks harte, durch lange städtische Besiedlung ausgehagerte und verdichtete Flächen. Zudem möchte das Publikum an die Bäume herantreten, die Rinde berühren und im Schatten der Kronen ausruhen. Über die Jahrzehnte hinweg bewirkt das stetige Getrappel auf den Füßen der Bäume weitere Verdichtungen. So fließt der Regen viel zu schnell ab, ein Vorrat für den Sommer kann sich im Winter nicht bilden.

Auch die Pflanzung selbst wirkt ein Leben lang nach. Denn um die Bäumchen überhaupt von der Baumschule an den endgültigen Standort bringen zu können, werden sie jahrelang vorbehandelt. Jeden Herbst werden die Wurzeln in den Beeten beschnitten, damit sie kompakt bleiben und sich später gut ausheben lassen. Die gesamte Ausdehnung des Ballens, bei einem Drei-Meter-Bäumchen natürlicherweise etwa sechs Meter im Durchmesser, wird so auf 50 Zentimeter reduziert. Damit die Krone ob dieser Beschneidung nicht verdurstet, wird sie ebenfalls kräftig zurückgeschnitten. Das dient nicht etwa der Gesundheit des Bäumchens, sondern lediglich der leichteren Handhabung. Beim Rückschnitt werden leider auch die gehirnähnlichen Strukturen zusammen mit den empfindlichen Wurzelspitzen abgeschnitten – aua! Und als ob der Baum damit seine Orientierung verlöre, findet er unterirdisch nicht mehr in die Tiefe und bildet einen flachen Wurzelteller aus. Wasser und Nährstoffe kann er sich so nur noch sehr begrenzt erschließen.

Zunächst scheint dies alles die jungen Bäume nicht weiter zu stören. Sie stopfen sich mit Süßigkeiten voll, denn im prallen Sonnenschein können sie Fotosynthese betreiben, so viel sie wollen. Das Fehlen einer stillenden Mutter ist so leicht zu verschmerzen. In den ersten Jahren ist auch das Wasserproblem des knochenharten Bodens kaum zu spüren, schließlich werden die Setzlinge liebevoll gepflegt und bei Trockenheit von Gärtnern gewässert. Vor allem aber: Es gibt keine strenge Erziehung! Kein »Mach langsam«, kein »Warte erst einmal 200 Jahre«, keine Strafen durch Lichtentzug, wenn man nicht schön gerade wächst. Jeder der Jungbäume kann machen, was er will. Wie in einem Wettrennen legen sie also los und bilden jedes Jahr lange Höhentriebe. Ab einer gewissen Größe scheint der Kindheitsbonus aufgebraucht. Das Gießen von 20 Meter hohen Bäumen würde enorm viel Wasser und Zeit in Anspruch nehmen. Um Wurzeln durchdringend zu befeuchten, müssten Gärtner mehrere Kubikmeter aus ihren Schläuchen verspritzen – pro Baum! Also wird die Fürsorge eines Tages einfach eingestellt.

Die Mammutbäume selber merken davon erst einmal nicht viel. Sie haben nun Jahrzehnte in Saus und Braus gelebt und getan, wozu sie Lust hatten. Ihr dicker Stamm kündet wie ein Wohlstandsbauch von der solaren Fressorgie. Dass die Zellen im Inneren sehr groß sind, viel Luft enthalten und damit anfällig für Pilze sind, spielt in jungen Jahren noch keine große Rolle.

Auch die Seitenäste zeugen von rüpelhaftem Benehmen. Der Urwaldknigge, der im unteren Bereich des Stamms dünne

Äste oder gar Astlosigkeit vorschreibt, ist im Park unbekannt. Durch das üppige Licht bis auf den Boden herab bilden die Mammutbäume dicke Seitentriebe, die später so an Umfang zulegen, dass sich der Vergleich mit einem gedopten Bodybuilder geradezu aufdrängt. Zwar werden meist auf den unteren zwei bis drei Metern alle Äste von den Gärtnern abgesägt, um Besuchern freie Sicht im Park zu ermöglichen. Doch verglichen mit dem Urwald, wo dickere Äste erst ab 20, manchmal auch erst ab 50 Meter Höhe erlaubt sind, ist das immer noch himmlisch.

Im Endeffekt bildet sich nur ein kurzer, dicker Stamm, und alles darüber ist schon Krone. Extremfälle von Parkbäumen scheinen sogar nur aus Krone zu bestehen. Ihre Wurzeln dringen nur wenig mehr als 50 Zentimeter in den festgetrampelten Boden ein und bieten damit kaum Halt. Das ist sehr riskant und wäre für normal große Exemplare viel zu wackelig. Durch die urwaldferne Wuchsform liegt der Schwerpunkt der Mammutbäume jedoch sehr tief, sprich, sie werden durch Stürme nicht so schnell aus dem Gleichgewicht gebracht und sind daher relativ standhaft.

Ist das erste Jahrhundert überschritten (die Bäume haben dann das Alter von Schulkindern erreicht), so zeichnet sich ein Ende des unbeschwerten Lebens ab. Die höchsten Triebe verdorren, und trotz aller Versuche, doch noch einmal nach oben zu wachsen, ist nun bereits die Endstation erreicht. Durch die natürliche Imprägnierung gegen Pilze können sich die Mammutbäume trotz auftretender Rindenverletzung aber noch viele weitere Jahrzehnte halten.

Ganz anders trifft es da andere Baumarten. Buchen etwa nehmen jedes Absägen von dicken Ästen übel. Schauen Sie beim nächsten Spaziergang in einem Park einmal genauer hin – es gibt kaum Exemplare großer Laubbäume, die nicht in irgendeiner Form gestutzt, besägt oder sonst wie bearbeitet wurden. Dieser »Schnitt« (es ist eigentlich ein Massaker) dient oft nur der Ästhetik, die beispielsweise verlangt, dass Bäume einer Allee eine gleich geformte Krone zu zeigen haben. Wird die Krone gekappt, dann ist das für die Wurzeln ein herber Schlag. Sie sind in der Größe optimal auf die oberirdischen Organe angepasst. Wird nun ein großer Teil der Äste entfernt und fällt für die Fotosynthese aus, dann verhungert ein ebenso großer Prozentsatz der unterirdischen Teile. In diesen toten Enden und den Kappstellen am Stamm dringen nun Pilze ein, die in dem luftig-schnell gewachsenen Holz leichtes Spiel haben. Schon nach wenigen Jahrzehnten, für Bäume rasend schnell, macht sich die innere Fäulnis auch außen bemerkbar. Ganze Kronenteile sterben ab, sodass sie die Stadtverwaltung kappt, um ein Sicherheitsrisiko für Besucher auszuschließen. An diesen Sägestellen entstehen weitere riesige Wunden. Darüber geschmiertes Wundwachs beschleunigt in vielen Fällen den Verfall, weil es darunter schön feucht bleibt – prima für Pilze!

Letztendlich bleibt ein Torso übrig, der nicht mehr zu halten ist und eines Tages gefällt wird. Und weil kein Familienmitglied zu Hilfe eilen kann, stirbt dieser Stumpf rasch und endgültig ab. Kurze Zeit später wird ein neuer Baum gepflanzt, und das Drama beginnt von vorn.

Stadtbäume sind die Straßenkinder des Waldes. Und manche stehen so, dass der Begriff noch besser passt, nämlich direkt an der Straße. Die ersten Jahrzehnte ihres Lebens gleichen denen ihrer Artgenossen im Park. Sie werden gehätschelt und gepflegt, manchmal sogar über eine eigens verlegte Wasserleitung regelmäßig getränkt. Wenn die Wurzeln dann weiter ausgreifen wollen, erleben sie ihr blaues Wunder. Denn das Erdreich unter der Straße oder dem Gehweg ist noch viel härter, weil es extra mit Rüttelplatten verdichtet wurde. Das ist bitter, denn die Wurzeln von Waldbäumen gehen grundsätzlich nicht sehr tief hinab. Kaum eine Art schafft mehr als anderthalb Meter, in den meisten Fällen ist schon erheblich früher Schluss. Im Wald ist das kein Problem, schließlich kann man als Baum fast grenzenlos in die Breite expandieren. Nicht so am Straßenrand. Hier begrenzt die Fahrbahn das Wachstum; im Gehweg sind es Leitungen und der im Zuge des Einbaus verdichtete Boden. Kein Wunder, dass es an solchen Standorten immer wieder zu Konflikten kommt. Gerne tasten sich Platanen, Ahorne oder Linden unterirdisch in Abwasserrohre vor. Dass hierdurch die Funktion des Systems beeinträchtigt wird, merken wir Menschen spätestens beim nächsten Gewitter, wenn anschließend die Straßen unter Wasser stehen. Also untersuchen Spezialisten anhand von Wurzelproben, welcher Baum der Verursacher der Verstopfung ist. Sein Ausflug in das vermeintliche Paradies unter dem Gehweg wird mit dem Tode bestraft – er wird gefällt und sein Nachfolger durch eine eingebaute Wurzelsperre am Nachahmen gehindert. Doch warum wachsen Bäume überhaupt in die Rohre hinein? Lange Zeit vermuteten städtische Ingenieure, es sei die Feuchtigkeit, die aus undichten Verbindungen sickert, oder die Nährstoffe im Abwasser, die die Wurzeln magisch anziehen. Eine groß angelegte Studie der Ruhr-Universität Bochum kam allerdings zu völlig anderen Ergebnissen. Die Wurzeln in den Rohren wuchsen oberhalb des Wasserspiegels und schienen auch nicht an einer Düngung interessiert zu sein. Es war der lockere Boden, der im Rahmen der Bauarbeiten nicht sorgfältig verdichtet worden war. Hier können die Wurzeln atmen und haben Platz zum Wachsen. Nur nebenbei dringen sie dann in die Dichtungen zwischen den einzelnen Leitungsabschnitten ein und wuchern anschließend innerhalb weiter.[45] Letztendlich ist es also nur eine absolute Notreaktion, wenn Bäume im Siedlungsbereich überall auf betonharte Erde stoßen und schließlich einen

Ausweg in schlampig aufgefüllten Gräben finden. Dort werden sie dann zum Problem für uns Menschen. Hilfe gibt es nur für die Rohre, die jetzt in besonders festgestampftes Erdreich gebettet werden, damit die Wurzeln dort nicht mehr Fuß fassen können. Wundert es Sie da noch, dass bei Stürmen im Sommer besonders viele Straßenbäume umfallen? Ihr mickriges unterirdisches Verankerungssystem, das sich in freier Natur auf einer Fläche von über 700 Quadratmetern ausbreiten kann, vermag mit einer auf wenige Prozent geschrumpften Standfläche keine tonnenschweren Stämme mehr zu halten. Aber die zähen Pflanzen müssen noch mehr ertragen. Das städtische Kleinklima ist geprägt von hitzespeicherndem Asphalt und Beton. Während sich Wälder in heißen Sommern nachts abkühlen, strahlen Straßen und Gebäude ihre Wärme wieder ab und halten damit die Lufttemperatur hoch. Das sorgt für eine extrem trockene Luft, die zudem mit vielen Abgasen belastet ist. Etliche Begleiter der Bäume, die im Wald für deren Wohlbefinden sorgen (wie humusabbauende Kleinstlebewesen), fehlen. Mykorrhizapilze, die den Wurzeln beim Wasser- und Nährstoffsammeln helfen, sind nur auf niedrigem Niveau vorhanden. Stadtbäume müssen sich also unter härtesten Bedingungen allein durchschlagen. Als ob das noch nicht genug wäre, kommt noch ungefragter Dünger hinzu. Vor allem von Hunden, die ihr Bein an jedem verfügbaren Stamm heben. Der Urin kann die Rinde verätzen und zum Absterben der Wurzeln führen. Ähnliche Schäden verursacht das winterliche Streusalz, dessen Menge je nach Härte der kalten Jahreszeit mit über einem Kilogramm pro Quadratmeter Boden zu Buche schlägt. Zusätzlich müssen zumindest die Blätter der Nadelbäume, die im Winter noch an den Zweigen sitzen, mit der Salzgischt fertig werden, die von den Autoreifen aufgewirbelt wird. Immerhin zehn Prozent des Salzes landen so in der Luft und schlagen sich unter anderem auf den Bäumen nieder, wo sie Verätzungen hervorrufen. Diese schmerzhaften Schäden sind als kleine gelbe und braune Pünktchen auf den Nadeln zu erkennen. Die Verletzungen mindern im nächsten Sommer die Fähigkeit zur Fotosynthese und schwächen damit die Koniferen.

Schwäche ist das Stichwort für Parasiten. Schild- und Blattläuse können leichter zuschlagen, weil sich die Straßenbäume nur eingeschränkt wehren können. Hinzu kommen die höheren Temperaturen im Stadtgebiet. Heiße Sommer und warme Winter begünstigen die Insekten, die in größeren Zahlen überleben. Eine Art macht dabei immer wieder Schlagzeilen, weil sie die Bevölkerung bedroht: der Eichenprozessionsspinner. Der Falter heißt so, weil seine Raupen nach dem Fraß in den Kronen in langen Reihen dicht hintereinander die Stämme hinabwandern. Sie schützen sich vor Fressfeinden durch dichte Gespinste, in denen sie sich beim Wachstum häuten. Gefürchtet sind die kleinen Plagegeister wegen ihrer Brennhaare, die bei Berührung abbrechen und sich in die Haut bohren. Dort lösen sie ähnlich wie Brennnesseln Juckreiz und Quaddeln aus und können sogar heftige allergische Reaktionen bewirken. Die Brennhaare der leeren Häute bleiben in den Gespinsten hängen und sind dort bis zu zehn Jahre wirksam. Im städtischen Bereich kann einem das Auftreten dieser Insekten den ganzen Sommer vermiesen, und doch sind sie eigentlich unschuldig. Denn der Prozessionsspinner ist von Natur aus eher selten. Noch vor wenigen Jahrzehnten stand er auf der Roten Liste der gefährdeten Arten, und nun möchte man ihn überall wieder loswerden. Dabei ist ein massenhaftes Auftreten schon seit über 200 Jahren immer wieder beschrieben worden. Das Bundesamt für Naturschutz bringt diese Massenvermehrungen nicht mit dem Klimawandel und den steigenden Temperaturen, sondern mit dem attraktiven Nahrungsangebot für die Falter in Verbindung.[46]

Sie lieben warme Baumkronen, die sonnendurchflutet sind. Mitten im Wald gibt es das nur ganz selten, denn da wachsen die vereinzelten Eichen inmitten von Buchen und ragen höchstens mit den oberen Zweigspitzen ins Licht. In der Stadt dagegen stehen die Bäume frei und werden den ganzen Tag warm bestrahlt – hier fühlen sich die Raupen richtig wohl. Und da der gesamte »Wald« in den Siedlungen solch optimale Bedingungen bietet, ist es nicht verwunderlich, wenn es Massenvermehrungen gibt. Diese sind letztendlich nichts anderes als ein starker Hinweis darauf, dass die Eichen und andere Arten an den Straßen und zwischen den Häusern schwer zu kämpfen haben.

In Summe sind die Belastungen für die Bäume so groß, dass die meisten gar nicht alt werden können. Und selbst wenn sie in ihrer Jugend alles tun und lassen dürfen, was sie möchten, so wiegt dies doch die Nachteile niemals auf. Immerhin können sie sich ihren Artgenossen mitteilen, denn häufig werden sie in Form von Alleen angepflanzt, die aus Bäumen derselben Art bestehen. Ganz typisch sind Platanen, die mit ihrer hübschen Rinde, die vielfarbig fleckig abblättert, auffallen. Was sich die Straßenkinder mit ihren Duftbotschaften erzählen, ob sich die Mitteilungen dem rauen Leben im Ton anpassen, das behalten diese Streetgangs immer noch für sich.

Burn-out

Straßenkindern wird die heimelige Waldatmosphäre vorenthalten. Weil sie auf ihrem Standort gefangen sind, haben sie keine Wahl. Es gibt jedoch einige Baumarten, die auf den ganzen Komfort und die Sozialgemeinschaft pfeifen und grundsätzlich eigenbrötlerisch das Weite suchen. Es sind die sogenannten Pionierbaumarten (das hört sich gleich viel besser an), die möglichst weit entfernt von ihrer Mutter wachsen möchten. Dazu können ihre Samen extrem weit fliegen. Sie sind sehr klein und in Watte gepackt oder mit winzigen Flügeln versehen, sodass ein kräftiger Sturm sie über viele Kilometer weit tragen kann. Ihr Ziel ist es, außerhalb des Waldes zu landen, um dort neue Lebensräume zu erschließen. Ein kräftiger Bergrutsch, ein kürzlich stattgefundener Vulkanausbruch mit riesigen Aschefeldern, abgebrannte Areale – es wird alles akzeptiert, Hauptsache, es gibt keine großen Bäume. Und das hat einen Grund: Pionierarten hassen Schatten. Er würde sie in ihrem Drang nach oben bremsen, und wer langsam wächst, hat schon verloren. Denn unter den Erstbesiedlern entbrennt ein Wettrennen um einen Platz an der Sonne. Zu diesen hastigen Vertretern gehören verschiedene Pappelarten wie die Zitterpappel, dazu Sandbirken oder auch Saalweiden. Wo der Höhentrieb von kleinen Buchen und Tannen in Millimetern pro Jahr gemessen wird, ist es bei den Pionieren manchmal mehr als ein Meter. So überziehen bereits nach zehn Jahren junge Wälder, die im Wind rauschen, ehemals brach liegende Flächen. Spätestens jetzt blühen die meisten Schnellstarter schon, um mit ihren Samen den Sprung zu neuen Gefilden zu schaffen. Zusätzlich können sie nun auch die letzten verbliebenen freien Fleckchen Erde ihrer Umgebung besetzen. Freiflächen bedeuten jedoch auch immer eine gewisse Attraktivität für Pflanzenfresser. Denn hier nutzen nicht nur Bäume ihre Chance, sondern auch Gräser und Kräuter, die in einem geschlossenen Wald zu kurz kommen. Und diese Pflanzen ziehen Rehe, Hirsche oder in früheren Zeiten Wildpferde, Auerochsen und Wisente an. Gräser sind auf das ständige Abweiden eingestellt und sind sogar ganz dankbar, dass nebenbei der für sie gefährliche Baumnachwuchs gleich mit vertilgt wird. Viele Sträucher, die gerne größer als Gras werden möchten, haben zur Abwehr gefräßiger Tiere gefährliche Dornen entwickelt. Der Schwarzdorn etwa ist so rabiat, dass seine spitzen Auswüchse von schon vor Jahren abgestorbenen Pflanzen noch Gummistiefel und sogar Autoreifen zu durchstechen vermögen, ganz zu schweigen von Tierhäuten und -hufen.

Pionierbäume versuchen, sich anders zu wehren. Durch ihr rasches Wachstum wird der Stamm ebenso schnell dicker und legt sich eine massive, raue Borke zu. Bei der Birke ist dies daran zu erkennen, dass die glatte weiße Rinde aufplatzt und schwarze Leisten bildet. An dem harten Material scheitern die Zähne der Pflanzenfresser, zudem schmeckt ihnen das mit Ölen durchtränkte Gewebe nicht. Diese Ausstattung ist übrigens der Grund, warum Birkenrinde auch in grünem Zustand hervorragend brennt und sich gut zum Entzünden eines Lagerfeuers eignet (dazu zieht man aber nur die äußere Schicht ab, um den Baum nicht zu verletzen). Und die Rinde hat noch eine andere Überraschung zu bieten. Ihre weiße Farbe ist auf den Wirkstoff Betulin zurückzuführen, der den größten Teil der Rinde bildet. Weiß reflektiert Sonnenlicht und schützt damit den Stamm vor Sonnenbrand. Daneben verhindert es ein Aufheizen im warmen Licht der Wintersonne, wodurch ungeschützte Bäume aufplatzen können. Birken stehen als Pionierbäume oft allein auf weiter Flur und haben keine Nachbarn, die Schatten auf sie werfen – da ist so eine Ausstattung sinnvoll. Das Betulin hat daneben aber auch eine antivirale und antibakterielle Wirkung, die mittlerweile medizinisch genutzt wird und sich in vielen Hautpflegeprodukten findet.[47] Die eigentliche Überraschung ist die Menge. Wer als Baum einen großen Teil der Rinde aus Abwehrstoffen bildet, der ist ständig in Alarmbereitschaft. Da gibt es kein sorgsam austariertes Gleichgewicht zwischen Wachstum und Heilkraft, sondern es wird an allen Baustellen mit höchster Energie gearbeitet. Weshalb macht das eigentlich nicht jede Baumart so? Wäre es nicht sinnvoll, grundsätzlich gegen Attacken so vorbereitet zu sein, dass potenzielle Angreifer schon mit dem ersten Biss ihr Leben aushauchen? Für sozial lebende Arten ist das keine Alternative, denn jedes Individuum hat die Gemeinschaft, die sich im Bedarfsfall um es kümmert, es rechtzeitig vorwarnt und in Krankheit und Not durchfüttert. Das spart Energie, die in Holz und Blätter sowie Früchte investiert werden kann.

Nicht so die Birke, die sich ganz auf sich allein gestellt durchschlagen möchte. Doch auch sie bildet Holz, sogar noch viel schneller, und auch sie möchte und kann sich vermehren. Und woher kommt die Energie? Kann diese Art etwa wirkungsvoller Fotosynthese betreiben als andere? Nein, das Geheimnis liegt in der völligen Verausgabung. Birken hetzen durchs Leben, leben dabei über ihre Verhältnisse und laugen sich letztendlich selber aus. Doch bevor wir uns die Folgen ansehen, lassen Sie mich noch einen anderen Unruhegeist vorstellen: die Espe oder Zitterpappel. Ihr Name rührt von den Blättern her, die schon auf den kleinsten Windhauch reagieren. Und obwohl wir diese Eigenschaft in Sprichwörtern im Zusammenhang mit Furcht verarbeitet haben (»Zittern wie Espenlaub«), hat der Baum keine Angst. Die an speziellen Stielen aufgehängten Blätter flattern im Wind, indem sie Ober- und Unterseite abwechselnd ins Licht halten. Dadurch kann mit beiden Flächen Fotosynthese betrieben werden – im Gegensatz zu anderen Arten, wo die Unterseite für die Atmung reserviert ist. Zitterpappeln können dadurch mehr Energie erzeugen und sogar noch schneller als Birken wachsen. In Bezug auf Fressfeinde verfolgt die Zitterpappel eine völlig andere Strategie und setzt auf Hartnäckigkeit und Masse. Selbst wenn sie jahrelang immer wieder von Rehen oder Rindern zurückgefressen wird, breitet sich ihr Wurzelsystem langsam weiter aus. Daraus treiben Hunderte Ableger, die sich im Laufe der Jahre zu regelrechten Gebüschen entwickeln. Ein einziger Baum kann sich so auf mehrere Hundert Quadratmeter Fläche ausdehnen – oder im Extremfall noch viel weiter. Im Fishlake National Forest im US-Bundesstaat Utah breitete sich eine Zitterpappel im Laufe von Jahrtausenden auf über 400 000 Quadratmeter aus und bildete dabei mehr als 40 000 Stämme. Dieses Wesen, das wie ein großer Wald aussieht, wurde auf den Namen »Pando« (aus dem Lateinischen »pandere« für »ausbreiten«) getauft.[48] Zumindest in kleinerem Maßstab können Sie so etwas auch in der heimischen Wald- und Feldflur beobachten. Ist das Gestrüpp undurchdringlich genug geworden, dann können sich einzelne Stämme in Ruhe nach oben entwickeln und innerhalb von 20 Jahren große Bäume werden.

Der ständige Kampf und das schnelle Wachstum haben allerdings ihren Preis. Nach den ersten drei Jahrzehnten macht sich Erschöpfung breit. Die Höhentriebe, ein Gradmesser für die Vitalität der Pionierbaumarten, werden nun immer spärlicher. Das wäre für sich genommen nicht weiter schlimm, doch unter den Pappeln, Birken und Weiden braut sich Unheil zusammen. Da sie viel Licht ungenutzt durch ihre

Kronen auf den Boden dringen lassen, können später nachgereiste Arten Fuß fassen. Es sind die langsameren Ahorne, Buchen, Hainbuchen oder auch Weißtannen, die ohnehin ihre Kindheit lieber im Schatten verbringen. Den spenden die Pioniere unfreiwillig und unterzeichnen dabei ihr Todesurteil. Denn nun beginnt ein Wettlauf, den sie nur verlieren können. Die fremden Baumkinder wachsen langsam empor und holen ihre Schattenspender nach einigen Jahrzehnten schließlich ein. Diese sind inzwischen ausgebrannt, völlig verausgabt und verharren mit ihrer Wuchshöhe bei maximal 25 Metern. Für Buchen und Co. ist das gar nichts, weshalb sie sich durch die fremde Krone hindurchschlängeln und fröhlich darüber hinaus wachsen. Da sie das Licht als Schattbaumarten deutlich besser verwerten, kommt für die abgehängten Birken und Pappeln nicht mehr genug an. Doch noch wehren sich die so Bedrängten, und speziell die Hängebirken haben eine Strategie entwickelt, um sich die lästige Konkurrenz wenigstens noch für ein paar Jahre vom Hals zu halten. Ihre dünnen, langen und hängenden Zweige wirken wie Peitschen, die schon beim leisesten Wind beginnen, um sich zu schlagen. Fremden Nachbararten wird dadurch die Krone beschädigt, Blätter und Triebe heruntergehauen und das Wachstum so zumindest kurzfristig gebremst. Dennoch sind die Untermieter irgendwann an Birken und Pappeln vorbeigezogen, und nun geht es vergleichsweise rasch. Nur wenige Jahre, die letzten Reserven sind erschöpft, sterben sie ab und zerfallen zu Humus.

Doch selbst ohne die schlagkräftige Konkurrenz anderer Arten wird ihr Leben nach einer für Waldbäume kurzen Zeitspanne enden. Denn mit der Verlangsamung des Höhenwachstums schwindet auch ihre Abwehrkraft gegen Pilze. Ein dicker abgebrochener Ast reicht bereits, um eine Eintrittspforte zu bilden. Da das Holz aus großen, schnell gewachsenen

Zellen besteht, die viel Luft enthalten, kann sich das zersetzende Pilzgeflecht rasch ausbreiten. Der Stamm verfault großräumig, und da Pionierbaumarten oft frei und allein stehen, dauert es nicht lange, bis der nächste Herbststurm den Stamm fällt. Für die Art an sich ist das keine Tragödie. Ihr Ziel, sich rasch auszubreiten, schnell geschlechtsreif zu werden und sich dann wieder zu vermehren, hat sie längst erreicht.

Auf in den Norden!

Bäume können nicht laufen, das weiß jeder. Tatsache ist aber auch, dass sie trotzdem wandern müssen. Doch wie macht man das, wenn man nicht laufen kann? Die Lösung liegt im Wechsel der Generationen. Jeder Baum muss zeitlebens an dem Platz verharren, an dem der Sämling einst Wurzeln schlug. Allerdings kann er sich vermehren, und in dem kurzen Augenblick, in dem die Baumembryos noch in Samen verpackt schlummern, sind sie frei. Sobald sie vom Baum fallen, kann die Reise beginnen. Manche Arten haben es dabei sehr eilig. Sie statten den Nachwuchs mit feinen Haaren aus, damit er federleicht mit dem nächsten Wind davonschweben kann. Arten, die auf diese Strategie setzen, müssen dazu sehr kleine Samen bilden, um ihnen die nötige Leichtigkeit zu verleihen. Pappeln und Weiden produzieren solche winzigen Flieger und können sie über viele Kilometer auf Reisen schicken. Der Vorteil der größeren Reichweite wird mit dem Nachteil erkauft, dass die Körnchen kaum Reservestoffe enthalten. Der keimende Sämling muss sich schnell aus eigener Kraft ernähren und ist dadurch sehr anfällig gegen Nährstoffmangel oder Trockenheit. Etwas schwerer sind die Samen von Birken, Ahorn, Hainbuche, Esche und den Nadelbäumen. Ein Flug mit einem Pelz funktioniert da nicht mehr, und deshalb statten sie ihre Früchte mit Flughilfen aus. Manche Arten wie die Nadelbäume bauen regelrechte Rotoren, die den Fall stark verlangsamen. Kommt nun ein Sturm hinzu, so kann der Flug immerhin ein paar Kilometer weit reichen. Diese Distanz könnten schwerfrüchtige Arten wie Eiche,

Kastanie oder Buche niemals überwinden. Deshalb verzichten sie vollständig auf irgendwelche konstruktiven Hilfen und gehen stattdessen ein Bündnis mit der Tierwelt ein. Mäuse, Eichhörnchen und Eichelhäher lieben die öl- und stärkehaltigen Samen. Diese werden als Wintervorräte im Waldboden versteckt und dann oft nicht mehr gefunden oder benötigt. Manchmal sorgt auch ein hungriger Waldkauz dafür, dass eine Gelbhalsmaus selbst als Mahlzeit endet. Nur so können die kleinen Nager einen Beitrag zum Baumnachwuchs leisten, der aber ohnehin nur sehr gering ist. Oft legen die Tiere ihren Wintervorrat direkt am Stammfuß der mächtigen Buche an, deren Eckern sie aufsammeln. Zwischen den Wurzelanläufen bilden sich häufig kleine, trockene Höhlen, die gerne bewohnt werden. Ist eine Maus eingezogen, dann können Sie davor angehäufte und leer gefressene Bucheckernhüllen finden. Zumindest einige Depots werden ein paar Meter weiter im freien Waldboden angelegt; diese Vorräte keimen dann nach dem Tod der Maus im nächsten Frühjahr und werden zu neuem Wald.

Die zurückgelegte Strecke der Schwergewichte ist per Eichelhäher am größten. Er transportiert Eicheln und Bucheckern immerhin einige Kilometer weit. Das Eichhörnchen schafft nur wenige Hundert Meter, während Mäuse ihre Vorräte kaum mehr als zehn Meter weit vom Baum entfernt vergraben. Schnell ist man als schwerfrüchtige Art also nicht! Allerdings schafft der große Vorrat an Nährstoffen ein Polster, mit dem der Sämling das erste Jahr gut überstehen kann.

Pappeln und Weiden können demnach viel schneller neue Lebensräume erschließen, etwa dann, wenn ein Vulkanausbruch die Karten des Lebens neu mischt und alles auf null setzt. Doch da sie nicht so alt werden und zudem viel Licht auf den Boden lassen, kommen später eintreffende Baumarten ebenfalls auf ihre Kosten. Aber wozu überhaupt wandern?

Kann man als Wald nicht einfach da bleiben, wo es aktuell gemütlich und angenehm ist? Die Erschließung neuer Lebensräume ist vor allem deshalb notwendig, weil sich das Klima ständig ändert. Ganz langsam natürlich, über viele Jahrhunderte hinweg, doch irgendwann wird es trotz aller Toleranz unweigerlich zu warm, zu kalt, zu trocken oder zu nass für die jeweilige Art. Dann muss sie anderen weichen, und weichen heißt wandern. Eine solche Wanderung findet augenblicklich in unseren Wäldern statt. Ursache ist nicht nur der gegenwärtige Klimawandel, der uns ja schon eine Erhöhung der Durchschnittstemperatur von 1° C beschert hat, sondern auch der Wechsel von der letzten Eiszeit zu einer Warmzeit. Und vor allem die Eiszeiten haben es in sich. Wird es über die Jahrhunderte immer kälter, so müssen sich die Baumarten in südlichere Gefilde zurückziehen. Geht der Übergang schön langsam über mehrere Generationen hinweg vonstatten, dann gelingt die Übersiedlung in die Mittelmeerregion. Kommt das Eis jedoch schneller voran, dann überrollt es die Wälder und verschluckt trödelnde Arten. So waren vor drei Millionen Jahren neben unseren noch heute heimischen Rotbuchen auch Großblättrige Buchen anzutreffen. Und während die Rotbuche den Sprung nach Südeuropa schaffte, starb die langsamere Großblättrige Buche bei uns aus. Einer der Gründe waren die Alpen. Sie stellen eine natürliche Barriere dar, die den Bäumen den Fluchtweg versperrt. Um sie überwinden zu können, müssten sie sich in den Hochlagen ansiedeln, um anschließend wieder hinabzusteigen. Doch höhere Lagen sind schon in Warmzeiten zu kalt, sodass das Schicksal vieler Baumarten an der Baumgrenze endete. Großblättrige Buchen gibt es heute nur noch im östlichen Nordamerika. Die dortigen Vorkommen konnten überleben, weil es auf diesem Kontinent keine abriegelnden Quergebirge gibt, die sich von Ost nach West ziehen. Die Bäume konnten ohne Hindernis nach

Süden ausweichen und sich nach der Eiszeit wieder nach Norden ausbreiten.

Unsere Rotbuche hat es aber mit einigen anderen Baumarten geschafft, sich um die Alpen herumzumogeln und an geschützten Orten bis zur heutigen Warmzeit zu überleben. Diese vergleichsweise wenigen Arten hatten in den letzten Jahrtausenden freie Bahn und sind bis heute auf dem Vormarsch nach Norden, quasi immer noch dem schmelzenden Eis auf der Spur. Sobald es wärmer wurde, hatten die keimenden Sämlinge wieder eine Chance, wurden erwachsene Bäume und streuten neuen Samen aus, der Kilometer um Kilometer nordwärts gelangte. Die Durchschnittsgeschwindigkeit einer solchen Reise liegt übrigens bei 400 Meter – pro Jahr. Rotbuchen sind dabei besonders langsam. Ihre Samen werden nicht so oft von Hähern verfrachtet wie die der Eiche, und andere Arten verbreiten sich von selbst über den Wind und besetzen freie Flächen noch viel schneller. Als die gemütliche Rotbuche vor rund 4 000 Jahren zurückkehrte, war der Wald schon von Eichen und Haseln besetzt. Das machte ihr nichts aus, denn ihre Strategie kennen Sie ja bereits. Sie erträgt viel mehr Schatten als andere Bäume und kann so problemlos zu deren Füßen keimen. Das bisschen Restlicht, was Eichen und Haseln zu Boden durchließen, reichte den kleinen Eroberern, um stetig nach oben zu wachsen und eines Tages die Kronen der Konkurrenz zu durchstoßen. Es kam, wie es kommen musste: Die Buchen überwuchsen die frühen Baumarten und nahmen ihnen das Licht zum Leben. Dieser gnadenlose Siegeszug nach Norden reicht aktuell bis Südschweden, ist aber noch nicht beendet. Oder wäre noch nicht beendet, wenn der Mensch nicht eingegriffen hätte. Mit dem Eintreffen der Buche begannen unsere Vorfahren, das Waldökosystem massiv zu verändern. Sie rodeten sämtliche Bäume um ihre Siedlungen herum, um Platz für

Ackerbau zu schaffen. Für das Vieh wurden weitere Flächen kahl geschlagen, und weil dieser Platz immer noch nicht reichte, trieb man Kühe und Schweine einfach in den Wald. Für die Buche war das katastrophal, denn ihr Nachwuchs verharrt ja über Jahrhunderte in Bodennähe, ehe er wachsen darf. In dieser Zeit sind seine Gipfelknospen den Pflanzenfressern schutzlos ausgeliefert. Ursprünglich war die Dichte der Säugetiere extrem gering, weil so ein Wald kaum Nahrung bietet. Die Chance, ungestört und unbefressen 200 Jahre zu warten, war vor dem Erscheinen des Menschen auf der Bildfläche sehr gut. Doch dann kamen ständig Hirten mit ihren hungrigen Viehherden vorbei, die sich auf die schmackhaften Knospen stürzten. In den durch Holzeinschlag aufgelichteten Beständen konnten sich andere Baumarten durchsetzen, die zuvor der Buche unterlegen waren. Dadurch wurde die nacheiszeitliche Wanderung der Buche stark behindert, und manche Gebiete konnte sie bis heute nicht besiedeln. In den letzten Jahrhunderten kam noch die Jagd hinzu, die paradoxerweise die Bestände von Hirschen, Wildschweinen und Rehen erheblich ansteigen ließ. Durch massive Fütterung seitens der Jäger, die vor allem an einer Vermehrung der männlichen Geweihträger interessiert waren, schwoll der Bestand bis heute auf das bis zu Fünfzigfache des natürlichen Niveaus an. Im deutschsprachigen Raum haben wir aktuell eine der höchsten Pflanzenfresserdichten weltweit, sodass es kleine Buchen schwerer denn je haben. Auch die Forstwirtschaft schränkt die Ausbreitung ein. So steht in Südschweden eine Fichten- und Kiefernplantage neben der anderen, wo eigentlich die Buche zu Hause wäre. Bis auf wenige Einzelbäume ist von ihr dort kaum etwas zu finden, aber sie steht bereit. Sobald der Mensch seine Finger aus dem Spiel nimmt, wird sie ihre Wanderung nach Norden wieder aufnehmen.

Der langsamste Wanderer ist die Weißtanne, unsere einzige heimische Tannenart. Ihren Namen verdankt sie der hellgrauen Rinde, durch die sie sich von der Fichte (rotbraune Rinde) gut unterscheidet. Die Eiszeit überdauerte die Weißtanne wie die meisten Baumarten in Südeuropa, wahrscheinlich in Italien, den Balkanländern und in Spanien.[49] Von dort aus wanderte sie den anderen Bäumen hinterher, allerdings nur mit einer Geschwindigkeit von 300 Metern pro Jahr. Fichten und Kiefern zogen ihr davon, weil ihre Samen deutlich leichter sind und besser fliegen können. Selbst die Buche war mit ihren schweren Eckern dank der Eichelhäher schneller. Scheinbar hat die Weißtanne die falsche Strategie entwickelt, denn gut fliegen können ihre Körner trotz eines kleinen Segels nicht, und die Größe ist für eine Verbreitung durch Vögel zu gering. Es gibt zwar Arten, die Tannensamen fressen, doch das nützt den Nadelbäumen relativ wenig. So sammelt der Tannenhäher, der übrigens eher auf Zirbelkiefersamen steht, zwar auch die Samen der Tanne ein und legt sie in Depots. Doch im Gegensatz zum Eichelhäher, der Eicheln und Bucheckern überall im Erdreich versteckt, bunkert der Tannenhäher seine Vorräte an geschützten, trockenen Plätzen. Selbst wenn er dort einmal etwas vergisst, wird es mit dem Keimen aufgrund des Wassermangels nichts. Weißtannen haben es also sehr schwer. Während die meisten unserer heimischen Baumarten mittlerweile schon in Skandinavien unterwegs sind, hat es die Weißtanne erst bis in den Harz geschafft. Doch was sind schon ein paar Hundert Jahre Verspätung für Bäume? Immerhin vertragen Tannen tiefsten Schatten und können selbst unter Buchen wachsen. So mogeln sie sich allmählich auch in bestehenden alten Wäldern durch und können irgendwann mächtige Bäume bilden. Ihre Achillesferse ist dabei ihre Schmackhaftigkeit für Rehe und Hirsche, die momentan eine weitere Verbreitung verhindern, indem sie vielerorts den gesamten Tannennachwuchs auffressen.

Warum ist die Buche in Mitteleuropa eigentlich so konkurrenzstark? Oder andersherum gefragt: Wenn sie sich so gut gegen alle anderen Arten durchsetzen kann, warum gibt es sie dann nicht überall auf der Welt? Die Antwort ist einfach. Ihre Stärken kommen nur unter den aktuellen Klimabedingungen, wie sie hier durch den relativ nahen Atlantik beeinflusst werden, zur Geltung. Die Temperaturen sind, abgesehen von den Gebirgen (wo Buchen in den Hochlagen nicht vorkommen), sehr ausgeglichen. Kühle Sommer werden von milden Wintern abgelöst, und die Niederschläge sind mit 500 bis 1500 Millimeter pro Jahr so, wie es die Buchen mögen. Wasser ist einer der Schlüsselfaktoren für das Wachstum der Wälder, hier können die Buchen punkten. Um ein Kilogramm Holz zu produzieren, verbrauchen sie 180 Liter Wasser. Das klingt viel? Die meisten anderen Baumarten benötigen mit bis zu 300 Litern knapp doppelt so viel, und das ist entscheidend für die Fähigkeit, schnell nach oben zu wachsen und andere Arten zu verdrängen. Fichten etwa sind von Natur aus Säufer, weil in ihrer kalt-feuchten Wohlfühlzone des hohen Nordens Wassermangel ein Fremdwort ist. Hier in Mitteleuropa bieten solche Bedingungen nur die Hochlagen kurz vor der Baumgrenze. Hier regnet es viel, und durch die niedrigen Temperaturen verdunstet kaum etwas. Da kann man es sich leisten, mit Wasser verschwenderisch umzugehen. In den meisten tiefer liegenden Gebieten kann dagegen die sparsame Buche punkten, die auch noch in trockeneren Jahren ordentlich an Größe zulegen kann und damit den Verschwendern schnell über den Kopf wächst. Nachwuchs der Konkurrenz wird in dicken Laubschichten am Boden erstickt, durch den sich Buchensämlinge jedoch ohne Probleme durchschieben können. Zusammen mit ihrem extremen Lichtverbrauch, der anderen Arten nichts mehr übrig lässt, mit ihrer Fähigkeit, sich selbst das passende Kleinklima mit feuchter Luft zu schaffen, einen guten Humusvorrat im Boden aufzubauen und mit den Ästen Wasser zu sammeln, ist sie momentan bei uns unschlagbar. Aber eben nur bei uns. Sobald das Klima kontinentaler wird, hat es diese Baumart schwer. Ständige heiß-trockene Sommer, bitterkalte Winter, das hält sie nicht gut aus und muss dann anderen Arten wie der Eiche weichen. Solche Bedingungen herrschen im Osten Europas. Während die Sommer noch akzeptabel sind, ist die kalte Jahreszeit in Skandinavien ebenfalls nichts für die Buche. Und im sonnigen Süden vermag sie nur höhere Lagen zu besiedeln, in denen es nicht ganz so heiß ist. Die Buche ist also durch ihre Klimaansprüche momentan in Mitteleuropa gefangen. Der Klimawandel macht den Norden allerdings wärmer, und so kann sie sich künftig weiter in diese Richtung ausbreiten. Gleichzeitig wird es südlich endgültig zu heiß, sodass sich das gesamte Ausbreitungsgebiet nach Norden verschiebt.

Ganz schön resistent

Warum werden Bäume eigentlich so alt? Sie könnten es doch genauso wie die Kräuter machen: Ein Sommerhalbjahr mit Volldampf wachsen, blühen, Samen bilden und dann wieder zu Humus werden. Das hätte einen entscheidenden Vorteil. Jeder Generationenwechsel birgt die Chance, sich genetisch zu verändern. Mutationen können nun mal besonders gut bei einer Paarung oder Befruchtung entstehen, und in einer sich ständig wandelnden Umwelt ist Anpassung überlebensnotwendig. Mäuse etwa vermehren sich im Abstand von wenigen Wochen, Fliegen sind noch viel schneller. Immer wieder treten bei solchen Erbgängen Beschädigungen an den Genen auf, die im Glücksfall eine besondere Eigenschaft hervortreten lassen. Kurz gefasst nennt man das Evolution. Sie hilft bei der Anpassung an sich ändernde Umweltbedingungen und ist somit Garant für das Überleben der jeweiligen Art. Je kürzer die Generationenabfolge, desto schneller können sich Tiere und Pflanzen anpassen. Bäume scheinen auf diese wissenschaftlich festgestellte Notwendigkeit zu pfeifen. Sie werden einfach uralt, im Durchschnitt viele Jahrhunderte, manchmal sogar Jahrtausende. Natürlich pflanzen sie sich mindestens alle fünf Jahre fort, doch ein echter Erbgang tritt dann häufig nicht ein. Was nutzt es, wenn ein Baum hunderttausendfach Nachwuchs produziert, der keine freie Planstelle findet? Solange die eigene Mutter fast das gesamte Licht einfängt, geht unter ihr so gut wie nichts, darüber habe ich schon berichtet. Selbst wenn die Baumkinder geniale neue Merkmale aufweisen, müssen sie oft Jahrhunderte warten, bevor sie das erste Mal selber blühen und damit diese Gene weitergeben können. Es geht einfach alles viel zu langsam. Und das wäre normalerweise kaum auszuhalten.

Wenn wir einmal in der jüngeren Klimageschichte zurückschauen, dann ist diese von einem heftigen Auf und Ab geprägt. Wie heftig, das zeigte eine Großbaustelle bei Zürich. Hier stießen Arbeiter auf relativ frische Baumstümpfe, die sie zunächst achtlos an die Seite legten. Dort wurden sie von einem Forscher entdeckt, der Proben entnahm und das Alter untersuchen ließ. Das Ergebnis: Die Stümpfe stammten von Kiefern, die dort vor knapp 14000 Jahren wuchsen. Noch erstaunlicher waren allerdings die Temperaturschwankungen der damaligen Zeit. Innerhalb von nur 30 Jahren fiel die Temperatur um bis zu 6° C, nur um anschließend ähnlich heftig wieder anzusteigen. Das entspricht den Worst-Case-Szenarien hinsichtlich des aktuellen Klimawandels, der uns möglicherweise bis zum Ende dieses Jahrhunderts bevorsteht. Selbst das letzte Jahrhundert mit den klirrend kalten 40er-Jahren, der Rekordtrockenheit in den 70ern und den viel zu warmen 90ern war sehr hart für die Natur. Bäume können das aus zwei Gründen stoisch ertragen. Sie weisen eine große Klimatoleranz auf. So wächst die heimische Buche von Sizilien bis Südschweden – bis auf das große »S« am Wortanfang haben diese Lebensräume wenig gemein. Auch Birken, Kiefern und Eichen sind sehr flexibel. Dennoch würde dies noch nicht ausreichen, um allen Anforderungen zu genügen. Denn mit den schwankenden Temperaturen und Regenfällen bewegen sich viele Tier- und Pilzarten von Süd nach Nord und umgekehrt. Das bedeutet, dass sich Bäume zusätzlich auf unbekannte Parasiten einstellen müssen. Zudem kann sich das Klima auch so stark ändern, dass es aus dem erträglichen Rahmen fällt. Und da sie weder Beine zum

Weglaufen besitzen noch fremde Hilfe in Anspruch nehmen können, müssen Bäume selbst damit fertig werden. Die erste Möglichkeit können sie in ihrem frühesten Lebensabschnitt nutzen. Schon kurz nach der Befruchtung, wenn in der Blüte die Samen heranreifen, können diese auf die Umgebungsbedingungen reagieren. Ist es besonders warm und trocken, werden entsprechende Gene aktiviert. So ist für die Fichte belegt, dass ihre Sämlinge bei solchen Bedingungen wärmetoleranter sind als bisher. Allerdings geht den Bäumchen in gleichem Maß die Widerstandsfähigkeit gegen Fröste verloren.[50] Auch erwachsene Bäume können reagieren. Überstehen sie eine Trockenperiode mit Wassermangel, dann gehen sie künftig mit dem Nass deutlich sparsamer um und saugen den Boden nicht schon zu Sommerbeginn leer. Die Blätter und Nadeln sind die Organe, über die das meiste Wasser verdunstet wird. Merkt der Baum, dass es eng wird und Durst sich zum Dauerproblem wandelt, dann legt er sich ein dickeres Fell zu. Die schützende Wachsschicht auf der Oberseite der Blätter wird stärker, und die Abschlusslage der Zellen, die ebenfalls abdichtend wirken, wird mehrfach übereinander angelegt. So macht der Baum die Schotten dicht, kann dann allerdings auch nicht mehr so gut atmen.

Ist sein Repertoire erschöpft, so kommt die Genetik ins Spiel. Wie ich zuvor schon ausgeführt habe, dauert eine Generationenabfolge bei Bäumen extrem lang. Eine rasche Anpassung scheidet also als Reaktionsmöglichkeit aus. Doch es geht auch anders. In einem natürlichen Wald unterscheidet sich das Erbgut der Bäume einer Art sehr stark voneinander. Wir Menschen hingegen liegen mit unseren Genen dicht beieinander, sind alle evolutionär gesehen miteinander verwandt. Dagegen sind Buchen eines lokalen Bestands genetisch so weit voneinander entfernt wie verschiedene Tierarten. Dadurch hat jeder Baum individuell sehr unterschiedliche

Eigenschaften. Manche kommen mit Trockenheit besser zurecht als mit Kälte, andere haben starke Abwehrkräfte gegen Insekten, während die Nächsten vielleicht besonders unempfindlich gegenüber nassen Füßen sind. Ändern sich nun die Umweltbedingungen, so erwischt es zuerst die Exemplare, die damit am schlechtesten zurechtkommen. Es sterben einige Altbäume, doch der große Rest des Walds bleibt bestehen. Werden die Bedingungen extremer, so kann es durchaus den größten Teil der Bäume einer Art dahinraffen, ohne dass dies tragisch ist. Meist bleibt ein ausreichend großer Restbestand übrig, um noch genügend Früchte und auch Schatten für die nächsten Generationen zu bilden. Für die alten Buchenbestände meines Reviers habe ich es anhand der verfügbaren wissenschaftlichen Daten einmal ausgerechnet: Selbst wenn wir hier in Hümmel irgendwann einmal spanische Klimaverhältnisse haben sollten, müsste die überwiegende Zahl der Bäume damit zurechtkommen. Die einzige Voraussetzung ist, dass der Wald nicht durch Baumfällungen in seiner Sozialstruktur gestört wird und weiterhin sein Kleinklima selber regeln kann.

Stürmische Zeiten

Im Wald läuft nicht immer alles nach Plan. Und auch wenn dieses Ökosystem ungeheuer stabil ist, sich oft über viele Jahrhunderte keine einschneidenden Änderungen in ihm ergeben, so kann doch eine Naturkatastrophe mit einem Faustschlag dazwischengehen. Über die Winterstürme habe ich schon berichtet, und wenn in einem solchen Orkan ganze Fichtenwälder fallen, so betrifft dies in der Regel die künstlichen Forste aus Fichten oder Kiefern. Sie stehen oft auf geschädigten, mit Maschinen verdichteten und somit kaum durchwurzelbaren Böden, können sich also nicht richtig festhalten. Zudem werden diese Nadelbäume bei uns viel größer als in ihrer ursprünglichen Heimat im Norden Europas und behalten ihre Nadeln auch in der kalten Jahreszeit. Daraus resultiert eine große Windangriffsfläche, verbunden mit der Hebelwirkung des langen Stamms. Dass die schwachen Wurzeln hier nicht standhalten, ist also nicht katastrophal, sondern nur logisch.

Es gibt aber Sturmereignisse, in denen auch natürliche Wälder zumindest lokal Schaden nehmen. Es sind Tornados, deren wirbelnde Winde innerhalb von Sekunden die Richtung ändern und damit jeden Baum überfordern. Da sie oft im Zusammenhang mit Gewittern auftreten, die es in unseren Breiten fast nur im Sommer gibt, kommt noch eine Komponente ins Spiel: Jetzt haben die Laubbäume ihre Blätter an den Zweigen. In den »normalen« Sturmmonaten Oktober bis März sind Buchen und Co. nackt bis auf die Zweige und damit windschnittig. Im Juni oder Juli hingegen rechnen

Bäume nicht mit Problemen dieser Art. Fegt nun ein Tornado durch den Wald, dann packt er die Kronen und dreht sie mit roher Gewalt komplett ab. Die zersplitterten Stammreste stehen dann als Mahnmale dieses atmosphärischen Überfalls und zeugen noch lange von den Naturkräften.

Tornados sind allerdings sehr selten, sodass sich offensichtlich eine eigene Abwehrstrategie gegen sie evolutionär gesehen nicht lohnt. Viel häufiger tritt ein anderer Schaden im Zusammenhang mit Gewittern auf: der Zusammenbruch ganzer Kronen durch Starkregen. Wenn in wenigen Minuten riesige Wassermassen auf den Blättern landen, dann muss der Baum eine tonnenschwere Last meistern. Darauf sind zumindest Laubbäume nicht eingerichtet. Das typische Zusatzgewicht von oben kommt im Winter in Form von Schnee, und dieser fällt schön durch, weil die Blätter zu diesem Zeitpunkt ja bereits auf dem Boden liegen. Im Sommer stellt sich das Problem nicht, und übliche Regenfälle kann auch eine Buche oder Eiche problemlos tragen. Selbst ein Platzregen sollte kein Problem sein, wenn ein Baum normal gewachsen ist. Eng wird es erst dann, wenn Stamm oder Äste falsch konstruiert sind. Ein typischer gefährlicher Astfehler ist der sogenannte Unglücksbalken, und hier ist der Name Programm. Ein regulärer Ast wächst wie ein Bogen. Er tritt aus dem Stamm aus, strebt ein wenig nach oben, neigt sich im weiteren Verlauf in die Waagerechte und senkt sich dann leicht ab. So kann er Lasten von oben gut abfedern, ohne zu brechen. Das ist extrem wichtig, denn bei älteren Bäumen können Äste über 10 Meter lang werden. Dadurch treten enorme Hebelkräfte auf, die an der Ansatzstelle am Stamm zerren. Manche Bäume möchten sich offensichtlich trotzdem nicht an das bewährte Muster halten. Bei ihnen zeigen die Äste zunächst vom Stamm weg, um dann bogenförmig nach oben zu streben und diese Richtung beizubehalten. Werden solche

Konstruktionen nach unten gebogen, so kommt es nicht zu einer Abfederung, sondern zu einem Bruch, weil die unteren Fasern (quasi an der Außenkurve) gestaucht und die inneren überdehnt werden. Manchmal ist auch der ganze Stamm in diesem Sinne falsch konstruiert, und diese Kandidaten brechen dann im Gewitterregen zusammen. Letztendlich ist es nichts anderes als eine harte Auslese, die unvernünftige Bäume aus dem Rennen nimmt.

Manchmal liegt es aber gar nicht an den Bäumen selbst, wenn der Druck von oben zu groß wird. Meist sind es die Monate März und April, in denen sich Schnee vom leichten Flaum zum Schwergewicht mausert. Wann es gefährlich wird, können Sie an der Flockengröße abschätzen. Erreicht diese den Durchmesser eines Zwei-Euro-Stücks, so wird es kritisch. Dann liegt nämlich sogenannter Nassschnee vor, der viel Wasser enthält und sehr klebrig ist. Er pappt auf den Ästen fest, fällt nicht hinunter und sammelt sich zu hohen, drückenden Lasten. Dabei brechen bei großen, mächtigen Bäumen viele Äste ab. Tragischer wird es für die Halbwüchsigen. Sie stehen schlaksig und mit kleinen Kronen in Wartestellung und werden von den Schneemassen entweder gebrochen oder so umgebogen, dass sie sich nicht wieder aufrichten können. Die ganz Kleinen hingegen sind nicht gefährdet, weil ihr Stämmchen einfach zu kurz ist. Achten Sie mal bei Ihrem nächsten Waldspaziergang darauf: Gerade unter den mittelalten Bäumen gibt es etliche, die durch ein solches Wetterereignis hoffnungslos verbogen wurden.

Ähnlich wie Schnee, aber ungleich romantischer wirkt Raureif. Zumindest auf uns, denn die gesamte Vegetation sieht aus wie mit Zuckerkristallen überzogen. Wenn Minustemperaturen und eine Nebelwetterlage zusammenkommen, dann lagern sich die feinen Tröpfchen bei Berührung mit Ast oder Nadel sofort an. Nach Stunden sieht der ganze Wald weiß aus, obwohl keine einzige Schneeflocke gefallen ist. Hält die Wetterlage über Tage an, dann können sich Hunderte Kilogramm Reif in den Baumkronen ablagern. Wenn anschließend die Sonne durch ein Nebelloch bricht, glitzern alle Bäume wie im Märchen. In Wahrheit ächzen sie unter der Last und fangen an, sich gefährlich zu biegen. Wehe den Kandidaten, die eine Schwachstelle in ihrem Holz haben. Dann knackt es trocken, es hallt durch den Wald wie ein Pistolenschuss, und die ganze Krone bricht zu Boden.

Solche Wetterlagen kommen im Durchschnitt alle zehn Jahre vor, was für einen Baum bedeutet, dass er es bis zu fünfzigmal in seinem Leben durchmachen muss. Die Gefahr ist für ihn umso größer, je weniger er in eine Gemeinschaft mit Artgenossen integriert ist. Einzelgänger, die ungeschützt in der kalten Nebelluft stehen, erwischt es deutlich häufiger als gut vernetzte Exemplare im dichten Wald, die sich bei ihren Nachbarn abstützen können. Zudem streicht die Luft dann eher über die Kronen hinweg, sodass höchstens die Spitzen dick vereisen.

Das Wetter hat aber noch weitere Pfeile im Köcher, wie zum Beispiel Blitze. Vielleicht kennen Sie den alten Spruch für Gewitter im Wald: »Eichen sollst du weichen, Buchen sollst du suchen«? Er beruht darauf, dass an so manch knorriger Eiche eine mehrere Zentimeter breite Blitzrinne auf dem Stamm zu sehen ist, wo die Rinde bis tief ins Holz aufgeplatzt ist. Auf Buchenstämmen habe ich das noch nie gesehen. Doch der Schluss, dass Blitze in letztere Art nie einschlagen, ist ebenso falsch wie gefährlich. Schutz bieten große Altbuchen keineswegs, denn sie werden genauso oft getroffen. Der Grund, warum bei ihnen kaum ein Schaden zurückbleibt, liegt vor allem an der glatten Rinde. Bei Gewitter regnet es, und der den ungefurchten Stamm hinablaufende Niederschlag bildet einen durchgehenden Film. Durch diesen fließt die Elektrizität oberflächlich ab, da Wasser Strom sehr viel besser leitet als Holz. Eichen dagegen haben eine raue Rinde. Hinabfließendes Wasser bildet kleine Kaskaden, tropft in Hunderten Miniwasserfällen zu Boden. So wird der Blitzstrom ständig unterbrochen, und der geringste Widerstand liegt in diesem Fall im feuchten Holz der äußeren Jahresringe, die für den Wassertransport im Baum zuständig sind. Dieses platzt aufgrund der großen Energie schussartig auf und zeigt damit auch noch Jahre später an, was dem Baum widerfahren ist.

Die eingeführten nordamerikanischen Douglasien zeigen mit ihrer groben Rindenstruktur ähnliche Bilder. Daneben scheinen jedoch ihre Wurzeln sehr viel empfindlicher zu sein. Bereits zweimal habe ich in meinem Revier beobachtet, dass nicht nur der getroffene Baum abgestorben ist, sondern auch noch zehn andere Artgenossen im Umkreis von 15 Metern nach dem Blitzschlag das gleiche Schicksal erfahren haben. Offenbar waren sie unterirdisch mit dem Gewitteropfer verbunden und haben in diesem Fall keine Zuckerlösung, sondern eine tödliche Ladung Energie abbekommen.

Bei Gewittern mit heftigen Entladungen kann noch etwas anderes passieren: Ein Feuer bricht aus. So etwas habe ich einmal mitten in der Nacht erlebt, als die Feuerwehr in den Gemeindeforst ausrückte, um einen kleinen Brand zu löschen. Es hatte eine alte, hohle Fichte erwischt, in der die Flammen vor dem strömenden Regen geschützt waren und im morschen Holz nach oben züngelten. Schnell war alles gelöscht, doch auch ohne die Hilfe von außen wäre nicht viel passiert. Der Wald ringsherum war klatschnass, ein Übergreifen auf den übrigen Bestand wäre sehr unwahrscheinlich gewesen. Brände sind in unseren heimischen Wäldern von der Natur nicht vorgesehen. Die einstmals vorherrschenden Laubbäume lassen sich nicht entzünden, weil ihr Holz keine Harze oder ätherischen Öle enthält. Folglich hat auch keine Baumart irgendeinen Mechanismus entwickelt, der auf Hitze reagiert. Dass es so etwas überhaupt gibt, zeigen die Korkeichen in Portugal oder Spanien. Ihre dicke Rinde schützt sie vor der Hitze von Bodenfeuern und lässt die darunter liegenden Knospen hinterher wieder austreiben.

In unseren Breiten können lediglich die monotonen Fichten- und Kiefernplantagen, deren Nadelstreu im Sommer knochentrocken wird, zur Beute eines Feuers werden. Doch warum lagern Nadelbäume überhaupt so viele brennbare Substanzen in Rinde und Blättern ein? Wenn in ihrem natürlichen Verbreitungsgebiet Brände an der Tagesordnung sind, müssten sie doch eher schwer entflammbar sein. Ein Höchstalter wie bei den schwedischen Fichten in Dalarna, das deutlich jenseits der 8 000 Jahre liegt, wäre nicht möglich, wenn spätestens alle 200 Jahre ein Feuer über sie hinweggefegt wäre. Ich denke, dass es achtlose Menschen waren, die schon seit Jahrtausenden unbeabsichtigt zum Beispiel mit ihren Kochfeuern für solche Waldzerstörungen sorgten. Die wenigen Blitzeinschläge, die tatsächlich kleine, lokale Brände verursachten, waren so selten, dass sich die Baumarten Europas nicht darauf eingestellt haben. Achten Sie einmal bei Nachrichten über Waldbrände auf den Auslöser: Meist wird in diesem Zusammenhang nach menschlichen Verursachern gefahndet.

Weniger gefährlich, dafür umso schmerzhafter ist ein Phänomen, von dem ich lange selbst nichts wusste. Unser Forsthaus liegt auf einem Bergrücken in knapp 500 Meter Höhe, und die tief eingeschnittenen Bäche ringsherum tun dem Wald auch nichts zuleide, ganz im Gegenteil. Das ist bei großen Flüssen allerdings anders. Regelmäßig treten sie über die Ufer, daher haben sich an ihren Rändern ganz besondere Ökosysteme gebildet: die Auwälder. Welche Baumarten dort

Fuß fassen können, hängt von der Art und Häufigkeit des Hochwassers ab. Fließt dieses schnell und hält sich über mehrere Monate im Jahr, dann sind es Weiden und Pappeln, die das Bild bestimmen. Sie verkraften den langen Stand im Nassen. Solche Verhältnisse findet man meist nah am Fluss, und hier bildet sich dann diese Weichholzaue. Weiter entfernt und oft ein paar Meter höher gelegen gibt es seltener Hochwasser, und wenn es nach der Schneeschmelze im Frühjahr kommt, bildet es große Seen, in denen das Wasser nur langsam fließt. Bis zum Laubaustrieb ist es meist wieder abgelaufen, und mit solchen Verhältnissen kommen Eichen und Ulmen sehr gut zurecht. Sie zählen zur Hartholzaue, einem Ökosystem, das im Gegensatz zu Weiden und Pappeln sehr empfindlich auf Sommerhochwasser reagiert. Dann können die ansonsten robusten Bäume absterben, weil die Wurzeln ersticken.

Richtig weh tut ihnen der Fluss aber in so manchem Winter. Bei einer Exkursion durch eine Hartholzaue an der mittleren Elbe fiel mir abgeplatzte Rinde an allen Stämmen des Waldes ins Auge. Sämtliche Schäden befanden sich in derselben Höhe: ungefähr zwei Meter. So etwas hatte ich noch nicht gesehen, und ich zerbrach mir den Kopf, woran das liegen könne. Ähnlich erging es den anderen Teilnehmern, bis der Mitarbeiter des Biosphärenreservats das Rätsel auflöste: Die Verletzungen waren auf Eis zurückzuführen. Wenn die Elbe in besonders kalten Wintern zufror, dann bildeten sich dicke Schollen. Erwärmten sich Luft und Wasser im Frühjahr, so trieben sie mit dem Hochwasser zwischen die Eichen und Ulmen und krachten gegen die Stämme. Da der Wasserstand überall gleich hoch war, mussten diese Wunden auch bei allen Bäumen an der gleichen Stelle zu finden sein.

Im Rahmen des Klimawandels wird Eisgang auf der Elbe

irgendwann der Vergangenheit angehören. Zumindest die älteren Bäume, die schon seit dem frühen 20. Jahrhundert allerlei Wetterkapriolen mitgemacht haben, werden mit ihren Stammnarben aber noch lange von diesen Vorgängen künden.

Neubürger

Durch die Wanderungen der Bäume verändert sich der Wald ständig. Und nicht nur der Wald – die gesamte Natur. Deswegen scheitern auch in vielen Fällen die menschlichen Versuche, bestimmte Landschaften zu konservieren. Was wir sehen, ist immer nur eine kurze Episode scheinbaren Stillstands. Im Wald ist diese Illusion fast perfekt, weil Bäume zu den langsamsten Zeitgenossen unserer Umwelt gehören, Veränderungen an natürlichen Wäldern demnach nur über viele menschliche Generationen hinweg zu beobachten sind. Eine dieser Veränderungen ist die Ankunft neuer Spezies. Durch frühe Forschungsreisende, die pflanzliche Mitbringsel in ihre Heimat brachten, und mehr noch durch die moderne Forstwirtschaft wurden im großen Stil Baumarten eingeführt, die den Weg zu uns allein nie gefunden hätten. Namen wie »Douglasie«, »Japanische Lärche« oder »Große Küstentanne« tauchen in keinem Volkslied oder Gedicht auf, weil sie sich noch nicht in unserem sozialen Gedächtnis verankert haben. Diese Einwanderer haben eine Sonderstellung im Wald. Im Gegensatz zu natürlich wandernden Baumarten sind sie ohne ihr typisches Ökosystem zu uns gekommen. Lediglich die Samen wurden importiert, was zur Folge hat, dass die meisten Pilze und alle Insekten in ihrer alten Heimat geblieben sind. Douglasien und Co. konnten hier einen völligen Neustart hinlegen. Das kann durchaus Vorteile haben. Krankheiten durch Parasiten fehlen komplett – zumindest in den ersten Jahrzehnten. Eine vergleichbare Situation erleben Menschen in der Antarktis. Dort ist die Luft nahezu keim- und staubfrei – ideal für Allergiker, wenn der Kontinent nicht so abgelegen wäre. Es ist wie ein großer Befreiungsschlag, wenn Bäume mit unserer Hilfe einfach die Erdteile wechseln. Pilzliche Partner für die Wurzeln finden sie unter den Arten, die nicht auf bestimmte Bäume spezialisiert sind. Vor Gesundheit strotzend wachsen sie in den europäischen Wäldern zu mächtigen Stämmen heran und das auch noch in kürzester Zeit. Kein Wunder, dass sie den Eindruck vermitteln, den heimischen Arten überlegen zu sein. Zumindest ist dies auf einigen Standorten so. Natürlich wandernde Baumarten können sich nur dort festsetzen, wo sie sich rundherum wohlfühlen. Nicht nur das Klima, sondern auch die Bodenart und die Feuchtigkeit müssen passen, damit sie sich gegen die alten Herrscher des Waldes durchsetzen können. Bei Bäumen, die von uns Menschen in den Wald gebracht werden, gleicht das einem Roulettespiel. Die spätblühende Traubenkirsche ist ein Laubbaum aus Nordamerika, der dort wunderschöne Stämme und bestes Holz bildet. Keine Frage – so etwas wollten europäische Förster gerne auch in ihren Wäldern haben. Doch nach einigen Jahrzehnten setzte die Ernüchterung ein: In ihrer neuen Heimat wachsen die Bäume krumm und schief, werden kaum 20 Meter hoch und mickern damit vor allem unter den Kiefern Ost- und Norddeutschlands vor sich hin. Los wird man die nun in Ungnade gefallenen Gewächse aber auch nicht mehr, denn Rehe und Hirsche verschmähen die bitteren Triebe. Stattdessen fressen sie lieber an Buchen, Eichen oder zur Not auch an den Kiefern herum. Damit schaffen sie der spätblühenden Traubenkirsche die lästige baumische Konkurrenz vom Hals, woraufhin sich die Neubürgerin immer weiter ausbreiten kann. Die Douglasie vermag ebenfalls ein Lied von der ungewissen Zukunft zu singen. Mancherorts sind nach über 100 Jahren Anbau beeindruckende Giganten daraus geworden. Andere

Forste mussten dagegen frühzeitig komplett abgeholzt werden, wie ich in meinem Praktikumsjahr erleben durfte. Ein Douglasienwäldchen, kaum 40 Jahre alt, fing bereits an abzusterben. Lange rätselten die Wissenschaftler, woran dies liegen könne. Pilze waren es nicht, und Insekten kamen auch nicht infrage. Letztendlich entpuppte sich der Boden mit einem Überschuss an Mangan als Ursache. Das vertragen die Douglasien anscheinend nicht. Eigentlich gibt es »die Douglasien« so gar nicht, weil es verschiedene Unterarten mit völlig unterschiedlichen Eigenschaften sind, die nach Europa importiert wurden. Die Küstenherkünfte vom Pazifik passen bestens. Deren Saatgut wurde jedoch mit dem von Inlands-Douglasien gemischt, die weit entfernt vom Meer aufwachsen. Um es noch komplizierter zu machen, kreuzten sich beide Unterarten munter und erzeugten Nachkommen, bei denen die jeweiligen Eigenschaften völlig unvorhersehbar durchschlagen. Leider stellt sich oft erst ab Alter 40 heraus, ob sich die Bäume wohlfühlen. Falls ja, behalten sie ihre kräftig blau-grünen Nadeln und eine dichte, undurchsichtige Krone. Die Mischlinge, die zu viel Inlandsgene enthalten, fangen am Stamm an zu harzen und bekommen eine schüttere Benadelung. Letztendlich ist es nichts anderes als eine etwas grausame Korrektur durch die Natur. Was genetisch nicht passt, wird aussortiert, selbst wenn dieser Vorgang sich über viele Jahrzehnte hinzieht.

Unsere heimischen Buchen könnten diese Eindringlinge aber mühelos wieder hinauswerfen. Dabei setzen sie auf dieselbe Strategie wie beim Kampf gegen Eichen. Vor allem die Fähigkeit, selbst im tiefsten Dämmerlicht unter großen Bäumen noch wachsen zu können, lässt Buchen über die Jahrhunderte hinweg gegen Douglasien gewinnen. Denn der Nachwuchs der Nordamerikanerin braucht viel mehr Licht und geht im Kindergarten der heimischen Laubbäume unter.

Lediglich wenn der Mensch hilft, indem er immer wieder Bäume fällt und somit Sonne auf den Boden bringt, haben kleine Douglasien eine Chance.

Gefährlich wird es, wenn Fremdlinge auftauchen, die genetisch sehr dicht bei heimischen Arten liegen. Ein solcher Fall ist die Japanische Lärche, die hier auf die Europäische Lärche trifft. Letztere wächst oft krumm und zudem nicht besonders schnell, weshalb sie seit dem vergangenen Jahrhundert häufig durch die Japanerin ersetzt wurde. Beide Arten kreuzen sich leicht und bilden Mischformen. Dadurch besteht die Gefahr, dass eines fernen Tages die letzten reinrassigen europäischen Lärchen verschwinden. Auch in meinem Revier gibt es ein solches Mit- und Durcheinander, wobei hier in der Eifel beide Arten von Natur aus nicht heimisch sind. Ein weiterer Kandidat, dem ein ähnliches Schicksal droht, ist die Schwarzpappel. Sie vermischt sich mit Hybridpappeln, angebauten Zuchtsorten, in die kanadische Pappelarten eingekreuzt wurden.

Doch die meisten Spezies sind für die heimischen Bäume eher ungefährlich. Ohne unsere Hilfe wären etliche von ihnen nach spätestens zwei Jahrhunderten wieder verschwunden. Selbst mit unserer Hilfe ist das Überleben der Neubürger auf lange Sicht fraglich. Denn die zugehörigen Parasiten nutzen ebenfalls die globalen Warenströme. Einen aktiven Import gibt es zwar nicht, denn wer möchte schon Schadorganismen einführen? Doch nach und nach schaffen es Pilze und Insekten, mit Holzimporten den Atlantik oder Pazifik zu überqueren und hier Fuß zu fassen. Oft sind es Verpackungsmaterialien wie Holzpaletten, die nicht vorschriftsmäßig erhitzt wurden, um Schadorganismen abzutöten. Auch Pakete von Privatpersonen aus Übersee enthalten manchmal lebendige Insekten, wie ich selbst schon erlebt habe. Für meine Sammlung indianischer Alltagsgegenstände hatte ich einen alten

Mokassin erworben. Beim Auspacken des in Zeitungspapier eingewickelten Lederschuhs krabbelten mir etliche kleine braune Käfer entgegen, die ich schleunigst einfing, zerdrückte und im Müll entsorgte. Das klingt befremdlich aus der Feder eines Naturschützers?

Eingeschleppte Insekten werden, wenn sie hier Fuß gefasst haben, allerdings nicht nur den neuen Baumarten, sondern auch den heimischen zur tödlichen Gefahr. Eine solche Art ist der asiatische Laubholzbockkäfer. Er reiste wahrscheinlich in Verpackungsholz aus China zu uns. Der Käfer ist drei Zentimeter groß und besitzt sechs Zentimeter lange Fühler. Sein dunkler Körper mit dem weiß gefleckten Bändermuster ist richtig schön anzusehen. Für unsere Laubbäume ist er allerdings weniger attraktiv, denn in kleine Schlitze ihrer Rinde legt er einzelne Eier. Daraus schlüpfen gefräßige Larven, die daumendicke Löcher in den Stamm bohren. Dieser wird nun von Pilzen befallen und bricht schließlich ab. Bisher konzentrieren sich die Käfer auf städtische Bereiche, was den Straßenkindern unter den Bäumen nun zusätzliche Probleme verschafft. Ob sie sich auch in geschlossene Waldgebiete hinein ausbreiten werden, weiß man noch nicht so genau, denn die Käfer sind sehr faul und bleiben am liebsten im Umkreis von wenigen Hundert Metern um ihren Geburtsort.

Das macht ein weiterer Zugereister aus Asien ganz anders. Es ist das Falsche Weiße Stängelbecherchen, das sich aktuell anschickt, den meisten Eschen Europas den Garaus zu machen. Seine Fruchtkörper sehen harmlos und niedlich aus, einfach winzig kleine Pilze, die auf abgefallenen Blattstielen wachsen. Das eigentliche Pilzgeflecht wütet jedoch in den Bäumen und bringt einen Ast nach dem anderen zum Absterben. Manche Eschen scheinen die Angriffswelle zu überleben, aber ob es zukünftig noch Eschenwälder entlang von Bächen und Flüssen geben wird, ist fraglich. In diesem Zusammenhang mache ich mir manchmal Gedanken, ob nicht auch wir Förster etwas zur Ausbreitung beitragen. Ich selbst habe mir geschädigte Wälder in Süddeutschland angesehen und war dann hinterher wieder im eigenen Revier unterwegs. Mit denselben Schuhen! Könnten an den Sohlen nicht winzige Pilzsporen gewesen sein, die sich als blinde Passagiere in die Eifel haben transportieren lassen? Wie auch immer, mittlerweile sind erste Eschen auch in Hümmel befallen.

Dennoch wird es mir nicht bang, wenn ich an die Zukunft unserer Wälder denke. Denn gerade auf den großen Kontinenten (und der eurasische ist der größte von allen) musste sich jede Art ständig mit Neuankömmlingen auseinandersetzen. Immer wieder brachten Zugvögel und heftige Orkane Samen neuer Baumarten, Pilzsporen oder kleine Tiere in ihrem Gefieder mit. Ein Baum, der 500 Jahre alt wird, hat sicher schon die eine oder andere Überraschung erlebt. Und aufgrund der großen genetischen Vielfalt innerhalb einer Baumart gibt es immer genügend Exemplare, die eine Antwort auf die neue Herausforderung haben. Solche »natürlichen« Neubürger, die ohne menschliches Zutun eingewandert sind, haben Sie vielleicht auch schon unter den Vögeln entdeckt. So etwa die Türkentaube, die erst in den 30er-Jahren aus dem Mittelmeerraum zu uns kam. Die Wacholderdrossel, ein braun-grauer Vogel mit schwarzen Sprenkeln, wandert seit 200 Jahren aus dem Nordosten immer weiter westwärts und hat mittlerweile Frankreich erreicht. Welche Überraschungen sie in ihrem Gefieder mitbrachten, ist noch unbekannt.

Entscheidend für die Robustheit der heimischen Waldökosysteme gegenüber solchen Veränderungen ist ihre Unberührtheit. Je intakter die Sozialgemeinschaft, je ausgeglichener das Kleinklima unter den Bäumen, desto schwerer fassen fremde Invasoren Fuß. Das klassische Beispiel sind Pflanzen, die Schlagzeilen machen, wie etwa die Herkulesstaude. Sie stammt ursprünglich aus dem Kaukasus und wird über drei Meter hoch. Weil die bis zu einem halben Meter messenden weißen Blütendolden so hübsch aussehen, wurde die Pflanze schon im 19. Jahrhundert nach Mitteleuropa importiert. Hier entwischte sie aus den botanischen Gärten und breitet sich seither munter auf vielen Wiesen aus. Da ihr Saft auf der Haut zusammen mit UV-Licht verbrennungsähnliche Verletzungen verursacht, gilt die Herkulesstaude als sehr gefährlich. Jährlich werden Millionenbeträge aufgewendet, um sie auszugraben und zu vernichten – ohne großen Erfolg. Die Stauden können sich jedoch nur deshalb ausbreiten, weil in den Bach- und Flusstälern der ursprüngliche Auwald fehlt. Kehrt er zurück, so wird es unter seinen Kronen so dunkel, dass die Pflanzen wieder verschwinden. Ähnliches gilt für das Indische Springkraut oder den Japanischen Staudenknöterich, die anstelle der Bäume die Ufer bevölkern. Sobald der wirtschaftende Mensch dieses Problem den Bäumen überlässt, wird es gelöst.

Ich habe so viel über nicht heimische Arten geschrieben, dass man sich an dieser Stelle vielleicht einmal fragen sollte, was der Begriff »heimisch« überhaupt aussagt. Wir neigen dazu, Arten als heimisch zu bezeichnen, wenn sie innerhalb unserer Landesgrenzen natürlich vorkommen. Ein klassisches Beispiel aus dem Tierreich ist der Wolf, der seit den 90er-Jahren in den meisten Ländern Mitteleuropas wieder auftauchte und seitdem als fester Bestandteil der Fauna gilt. Zuvor war er jedoch in Italien, Frankreich und Polen schon länger anzutreffen. Der Wolf ist demnach schon sehr lange in Europa heimisch, bloß nicht in jedem einzelnen Staat. Doch ist nicht auch diese räumliche Einheit zu groß gezogen? Wenn wir davon reden, dass Schweinswale in Deutschland heimisch sind, wären sie dann auch im Oberrhein zu Hause?

Sie sehen, das wäre eine unsinnige Definition. Heimisch, das muss viel kleinräumiger gefasst werden und sich am Naturraum orientieren und nicht an menschlichen Grenzziehungen. Solche Naturräume sind durch ihre Ausstattung (Wasser, Bodenart, Topografie) geprägt und durch das lokale Klima. Wo diese Bedingungen für eine bestimmte Baumart optimal sind, dort hat sie sich auch angesiedelt. Das kann bedeuten, dass etwa Fichten im Bayerischen Wald auf 1200 Meter Höhe natürlich vorkommen, während sie 400 Meter tiefer und nur einen Kilometer entfernt als nicht heimisch gelten dürfen – hier übernehmen Buchen und Tannen das Ruder. Fachleute haben dafür den Begriff »standortheimisch« eingeführt, der nichts anderes besagt, als dass eine Art dort von Natur aus siedeln würde. Im Gegensatz zu unseren großräumigen Landesgrenzen gleichen diejenigen von Arten einer Kleinstaaterei. Wenn sich der Mensch darüber hinwegsetzt und Fichten und Kiefern in die warmen Tiefebenen bringt, dann sind diese Nadelbäume dort Neubürger. Und damit sind wir bei meinem Lieblingsfall gelandet: den Roten Waldameisen. Sie gelten als Ikonen des Naturschutzes und werden vielerorts kartiert, beschützt und im Konfliktfall aufwendig umgesiedelt. Dagegen ist nichts einzuwenden, handelt es sich doch um eine bedrohte Tierart. Bedroht? Nein, auch die Roten Waldameisen sind Neubürger. Sie reisten im Schlepptau der Nadelholzwirtschaft Fichten und Kiefern hinterher, denn sie hängen gewissermaßen an der Nadel. Ohne die stacheligen dünnen Blätter können sie keine Haufen bauen, womit erwiesen wäre, dass sie im ursprünglichen heimischen Lauburwald nicht vorgekommen sind. Zudem lieben sie die Sonne, die wenigstens einige Stunden am Tag auf ihr Heim scheinen sollte. Speziell im Frühjahr und im Herbst, wenn es im Schatten empfindlich kalt ist, verschaffen ein paar warme Strahlen zusätzliche Tage, an denen die Tiere herumwerkeln können. Dunkle Buchenwälder scheiden daher als Lebensraum aus, und Waldameisen sind den Förstern sicher auf ewig dankbar, dass sie auf großer Fläche Fichten und Kiefern pflanzten.

Gesunde Waldluft?

Waldluft ist der Inbegriff von Gesundheit. Wer einmal richtig durchatmen oder in besonders guter Atmosphäre Sport treiben möchte, der geht hinaus in die Wälder. Dazu gibt es auch allen Grund. Die Luft ist unter den Bäumen tatsächlich deutlich reiner, denn sie wirken wie gewaltige Filteranlagen. Blätter und Nadeln stehen im ständigen Luftstrom und fischen große und kleine Schwebepartikel heraus. Pro Jahr und Quadratkilometer kann sich das auf bis zu 7000 Tonnen summieren.[51] Ursache ist die riesige Oberfläche, die die Kronen bilden. Im Vergleich zu Wiesen ist sie hundertmal größer, was sich schon allein durch den Größenunterschied zwischen Gras und Bäumen erklärt. Der ausgefilterte Luftballast besteht zwar nicht nur aus Schadstoffen wie Ruß, sondern auch aus aufgewirbeltem Bodenstaub und Pollen. Allerdings ist der menschengemachte Anteil besonders schädlich. Säuren, giftige Kohlenwasserstoffe und Stickstoffverbindungen konzentrieren sich unter den Bäumen, ähnlich wie das Fett im Filter einer Abzugshaube unserer Küche.

Bäume filtern aber nicht nur aus, sondern fügen der Luft auch etwas hinzu. Es sind die Duftbotschaften und natürlich auch die Phytonzide, die ich bereits erwähnt habe. Dabei unterscheiden sich die Wälder jedoch je nach Baumart erheblich voneinander. Nadelwälder senken die Keimbelastung in der Luft deutlich ab, was insbesondere für Allergiker gut zu spüren ist. Allerdings wurden durch Aufforstungen die Fichten und Kiefern auch in Gebiete gebracht, in denen sie von Natur aus gar nicht heimisch sind. Und hier bekommen diese zugereisten Arten erhebliche Probleme. Meist sind es die Tieflagen, die den Nadelbäumen zu trocken und zu warm sind. In der Folge ist die Luft staubiger, was Sie im Sommer im Gegenlicht der strahlenden Sonne gut beobachten können. Und da die Fichten und Kiefern ständig vom Tod durch Verdursten bedroht sind, kommen die Borkenkäfer herbei, um die leichte Beute anzugreifen. Nun wabern hektische Duftbotschaften durch die Kronen – die Bäume »schreien« um Hilfe und setzen ihr chemisches Abwehrpotenzial in Gang. All dies nehmen Sie mit jedem Atemzug Waldluft in Ihre Lungen auf. Ist es möglich, dass Sie den Alarmzustand unbewusst registrieren können? Wälder in Gefahr sind schließlich instabil und kein geeigneter Lebensraum für Menschen. Und da unsere Vorfahren der Steinzeit immer auf der Suche nach einer optimalen Bleibe waren, wäre es sinnvoll, wenn wir den Zustand unserer Umgebung intuitiv erfassen könnten. Dazu passt eine wissenschaftliche Beobachtung, nach der der Blutdruck von Waldbesuchern unter Nadelbäumen ansteigt, in Eichenbeständen dagegen entspannt abfällt.[52] Machen Sie doch einfach selbst den Test und schauen einmal, in welchem Waldtyp Sie sich besonders wohlfühlen.

Dass die Baumsprache etwas mit uns macht, war jüngst sogar ein Thema für die Fachpresse[53]. Koreanische Forscher untersuchten dabei ältere Frauen, die sie durch den Wald und durch die Stadt laufen ließen. Das Resultat: Bei den Waldspaziergängerinnen verbesserten sich der Blutdruck, die Lungenkapazität sowie die Elastizität der Arterien, während die Ausflüge in die Stadt keine Änderungen bewirkten. Die Phytonzide haben möglicherweise ebenfalls einen günstigen Einfluss auf unser Immunsystem, weil sie Keime abtöten. Ich persönlich meine aber, dass auch der wabernde Sprachcocktail der Bäume einer der Gründe dafür ist, warum wir uns im Wald so wohlfühlen. Zumindest in intakten Wäldern. Spaziergänger, die eines der alten Laubwaldreservate meines Reviers besuchen, berichten immer wieder, dass ihnen das Herz aufgeht und sie sich dort regelrecht zu Hause fühlen. Wandern sie stattdessen durch Nadelwälder, die in Mitteleuropa ja meist gepflanzt wurden und damit anfällige Kunstwesen sind, kommen solche Gefühle nicht auf. Möglicherweise liegt es daran, dass in den Buchenwäldern weniger »Alarmrufe« ausgestoßen und dafür mehr Wohlfühlbotschaften zwischen den Bäumen ausgetauscht werden, die über die Nase auch unser Gehirn erreichen. Ich bin davon überzeugt, dass wir instinktiv die Gesundheit der Wälder erfassen können. Probieren Sie's einfach einmal aus!

Entgegen der landläufigen Meinung muss die Waldluft nicht immer besonders sauerstoffreich sein. Das lebenswichtige Gas stammt aus der Fotosynthese und wird bei der Umwandlung von Wasser und CO_2 frei. Pro Quadratkilometer werden von den Bäumen an jedem Sommertag rund 10 000 Kilogramm in die Luft entlassen. Das reicht bei einem individuellen Tagesverbrauch von einem knappen Kilo für ebenso viele Menschen. Jeder Waldspaziergang wird so zu einer echten Sauerstoffdusche. Allerdings nur tagsüber. Denn Bäume erzeugen viele Kohlenhydrate nicht nur zur Einlagerung als Holz, sondern auch, um ihren Hunger zu stillen. Beim Verbrauch in den Zellen wird, ebenso wie bei uns, Zucker zu Energie und CO_2 zurückverwandelt. Tagsüber spielt das für die Luft keine große Rolle, da unter dem Strich besagter Sauerstoffüberschuss bleibt. Nachts dagegen wird keine Fotosynthese betrieben und somit auch kein Wasser und CO_2 umgewandelt, ganz im Gegenteil. Nun wird in der Dunkelheit nur noch verbraucht, Zucker in den Zellkraftwerken verbrannt und jede Menge CO_2 freigesetzt. Keine Sorge, Sie werden bei einer Nachtwanderung dennoch nicht gleich ersticken! Denn eine ständige Luftströmung sorgt dafür, dass alle beteiligten Gase fortlaufend gut gemischt werden, sodass der Sauerstoffabfall in den bodennahen Schichten nicht allzu deutlich ausfällt.

Wie atmen Bäume eigentlich? Einen Teil der »Lungen« können Sie sehen: Es sind die Nadeln und Blätter. Sie besitzen auf der Unterseite winzige Spaltöffnungen, die so ähnlich wie kleine Münder aussehen. Hier wird Sauerstoff abgelassen und CO_2 aufgenommen – und nachts ist es umgekehrt. Von den Blättern über den Stamm bis zu den Wurzeln ist es ein weiter Weg, daher können Letztere ebenfalls atmen. Ansonsten würden Laubbäume im Winter sterben, denn dann ist die oberirdische Lunge quasi abgeworfen. Da der Baum trotzdem weiter auf Sparflamme lebt und sogar im Wurzelraum weiterwächst, muss dazu Energie mithilfe von Reservestoffen erzeugt werden, und dazu wird Sauerstoff benötigt. Aus diesem Grund ist es so dramatisch für Bäume, wenn das Erdreich rund um ihren Stamm derart verdichtet wird, dass die kleinen Luftkanäle verstopfen. Die Wurzeln ersticken zumindest teilweise, sodass der Baum krank wird.

Zurück zur nächtlichen Atmung. Es sind nicht nur die Bäume, die im Dunkeln kräftig CO_2 ausstoßen. Im Laub, in totem Holz und sonstigen verrottenden Pflanzenteilen sind rund um die Uhr kleinste Tiere, Pilze und Bakterien in einer Fressorgie damit beschäftigt, alles Verwertbare zu verdauen und als Humus wieder auszuscheiden. Und im Winter wird es noch enger: Dann halten die Bäume ja Winterschlaf, und selbst tagsüber wird der Sauerstoffvorrat nicht mehr aufgefrischt, während das Bodenleben munter weiter unter der Erde arbeitet – so hitzig, dass diese selbst bei strengem Frost nicht mehr als fünf Zentimeter tief friert. Wird es dadurch im Winterwald gefährlich? Unsere Rettung sind globale

Luftströme, die ständig frischen Meereswind über die Kontinente pusten. Im Salzwasser leben unzählige Algen, die rund ums Jahr kräftig Sauerstoff aus dem Wasser sprudeln lassen. Sie gleichen das Defizit so gut aus, dass wir auch unter verschneiten Buchen und Fichten tief durchatmen können.

Apropos Schlaf: Haben Sie sich auch schon einmal gefragt, ob Bäume das überhaupt brauchen? Was wäre, wenn wir es gut mit ihnen meinten und sie nachts anstrahlen würden, damit sie noch mehr Zucker bilden könnten? Nach bisherigem Forschungsstand wäre das keine gute Idee. Offensichtlich brauchen Bäume ihre Ruhephase genauso sehr wie wir, und ein Entzug hat ähnlich katastrophale Folgen. Bereits 1981 berichtete die Zeitschrift *Das Gartenamt,* dass das Eichensterben in einer amerikanischen Stadt zu vier Prozent auf nächtliche Beleuchtung zurückzuführen war. Und die lange Winterschlafphase? Diesen Test haben schon einige Waldbegeisterte unfreiwillig selbst gemacht. Ich habe bereits im Kapitel »Winterschlaf« davon berichtet. Sie brachten junge Eichen oder Buchen mit nach Hause, um sie dort in einem Topf auf der Fensterbank zu halten. Im heimeligen Wohnzimmer fällt der Winter temperaturmäßig aus, weshalb die meisten Jungbäume keine Atempause haben und einfach weiterwachsen. Doch irgendwann rächt sich der Schlafmangel, und die scheinbar so vitale Pflanze geht ein. Nun könnte man einwenden, dass doch so mancher Winter gar keiner ist und zumindest in den Tieflagen kaum Tage mit Frost vorkommen. Dennoch verlieren die Laubbäume ihre Blätter und treiben erst im Frühjahr wieder aus, weil sie, wie bereits erwähnt, auch die Tageslänge messen. Müsste das dann nicht auch bei Bäumchen auf der Fensterbank funktionieren? Möglicherweise ginge das, wenn man die Heizung abschaltete und die Winterabende in Dunkelheit verbrächte.

Doch auf die wohligen 21° C sowie das warm-weiße elektrische Licht möchte kaum jemand verzichten, weil sie den künstlichen Sommer in unsere Häuser zaubern. Und ewigen Sommer hält nun einmal kein mitteleuropäischer Waldbaum aus.

Warum ist der Wald grün?

Warum fällt es uns so viel schwerer, Pflanzen zu verstehen als Tiere? Es ist die evolutionäre Geschichte, die uns bereits sehr früh vom Grünzeug getrennt hat. Sämtliche Sinne sind anders ausgelegt, sodass wir schon unsere Fantasie bemühen müssen, um wenigstens eine leise Ahnung davon zu bekommen, was in Bäumen vorgeht. Unser Farbsehen ist ein schönes Beispiel dafür. Ich liebe die Kombination von strahlend blauem Himmel über sattgrünen Baumwipfeln. Das ist Naturidylle pur, dabei kann ich bestens entspannen. Würden das Bäume auch so sehen? Wahrscheinlich würde die Antwort lauten: »Teils, teils.« Blauer Himmel, viel Sonne also, das ist für Buchen, Fichten und andere Arten sicher ebenfalls sehr angenehm. Für sie ist die Farbe allerdings weniger romantisch oder beruhigend als vielmehr das Startsignal für: »Das Buffet ist eröffnet.« Denn wolkenfreies Firmament heißt höchste Lichtintensität und damit optimale Bedingungen für Fotosynthese. Hektische Höchstleistung ist nun angesagt, Blau heißt also viel Arbeit. Nun werden CO_2 und Wasser zu Zucker, Zellulose und anderen Kohlenhydraten verarbeitet und gebunkert, die Bäume werden satt.

Grün dagegen hat eine ganz andere Bedeutung. Bevor wir zur typischen Farbe der meisten Pflanzen kommen, stellt sich zunächst eine weitere Frage: Warum ist die Welt überhaupt bunt? Sonnenlicht ist weiß, und wird es reflektiert, dann ist es ebenfalls weiß. Eigentlich müssten wir also von einer klinisch anmutenden, optisch reinen Landschaft umgeben sein. Dass dies nicht so ist, liegt daran, dass jedes Material in unterschiedlicher Weise Lichtanteile verschluckt oder in andere Strahlung umwandelt. Nur die Wellenlängen, die übrig bleiben, werden zurückgeworfen und beispielsweise von unseren Augen aufgenommen. Die Farbe von Lebewesen und Objekten wird also von der Farbe des zurückgeworfenen Lichts bestimmt. Und bei Bäumen ist dies das Grün. Doch warum ist es nicht schwarz, warum wird nicht alles Licht geschluckt? In den Blättern wird mithilfe des Chlorophylls Licht umgewandelt, und wenn Bäume alles optimal verwerten würden, dürfte kaum etwas übrig bleiben – der Wald müsste dann auch tagsüber nachtdunkel erscheinen. Chlorophyll hat allerdings einen Nachteil. Es weist eine sogenannte »Grünlücke« auf, kann diesen Farbbereich also nicht nutzen und muss ihn ungenutzt zurückstrahlen. Die Schwäche bewirkt, dass wir diese Fotosynthesereste sehen können, daher erscheinen fast alle Pflanzen in einem satten Grün. Letztendlich ist es der Abfall des Lichts, der Ausschuss, den die Bäume nicht brauchen können. Für uns schön, für den Wald ohne Nutzen. Natur, die uns gefällt, weil sie Abfall zurückstrahlt? Ob Bäume das auch so empfinden, weiß ich nicht, eines ist jedoch gewiss: Zumindest über den blauen Himmel freuen sich hungrige Buchen oder Fichten genauso wie ich.

Die Farblücke im Chlorophyll ist auch für ein anderes Phänomen verantwortlich: den Grünschatten. Wenn etwa Buchen höchstens drei Prozent des Sonnenlichts zu Boden lassen, müsste es dort tagsüber fast dunkel sein. Das ist es aber nicht, wie Sie bei einem Waldspaziergang feststellen werden. Dennoch können hier kaum andere Pflanzen wachsen; der Grund liegt darin, dass der Schatten je nach Farbe verschieden ist. Während viele Farbtöne schon oben in der Krone ausgefiltert werden und beispielsweise Rot und Blau kaum nach unten durchdringen, gilt dies nicht für die

»Abfallfarbe« Grün. Weil die Bäume sie nicht brauchen können, dringt davon einiges bis zum Boden durch. Deshalb herrscht im Wald ein grünes Dämmerlicht, das sich übrigens entspannend auf die menschliche Psyche auswirkt.

In unserem Garten scheint eine einzelne Buche auf Rot zu stehen. Sie wurde von einem meiner Vorgänger gepflanzt und ist mittlerweile zu einem großen Baum herangewachsen. Mir gefällt sie nicht so gut, weil die Blätter für mein Empfinden krank aussehen. Rot belaubte Bäume sind in vielen Parks anzutreffen, weil sie Abwechslung in das grüne Einerlei bringen sollen. Im Fachjargon nennt man die Bäume Blutbuche oder Blutahorn, was sie mir nicht sympathischer macht. Eigentlich müssten sie mir eher leidtun, denn die Abweichung vom bewährten Aussehen gereicht ihnen zum Nachteil. Es sind Störungen im Stoffwechsel, die das Phänomen verursachen. Junge, austreibende Blätter sind auch bei normalen Bäumen oft leicht rötlich, weil das zarte Gewebe eine Art Sonnencreme enthält. Es sind Anthocyane, welche die UV-Strahlung abblocken und die Blättchen schützen. Sind diese größer, so werden die Stoffe mithilfe eines Enzyms wieder abgebaut. Einige Buchen oder Ahorne weichen jedoch genetisch von der Norm ab, weil ihnen dieses Enzym fehlt. Sie können den roten Farbstoff nicht mehr loswerden und halten ihn auch in den ausgewachsenen Blättern. Diese strahlen daher kräftig rotes Licht ab und verschwenden einen erheblichen Anteil der Lichtenergie. Zwar bleibt ihnen zur Fotosynthese noch das Spektrum der blauen Töne, doch im Vergleich zu ihren grünen Verwandten ist das nicht genug. Immer wieder tauchen in der Natur solche Blutbäume auf, doch da sie langsamer wachsen als ihre grünen Kollegen, können sie sich nicht durchsetzen und verschwinden irgendwie wieder. Wir Menschen lieben jedoch das Besondere, daher werden rote Varianten gesucht und gezielt vermehrt. Des einen Leid, des anderen

Freud, so könnte man dieses Handeln umschreiben, das in Kenntnis der Zusammenhänge vielleicht unterbleiben würde.

Verständnisschwierigkeiten gibt es aber vor allem aus einem anderen Grund: Bäume sind unendlich langsam. Ihre Kindheit und Jugend dauern zehnmal so lange wie unsere, ihre gesamte Lebensspanne mindestens fünfmal so lange. Aktive Bewegungen wie etwa das Entrollen von Blättern oder das Wachstum von Trieben nehmen Wochen und Monate in Anspruch. Daher scheint es so, als ob Bäume starre Wesen sind, kaum beweglicher als Steine. Und das Rauschen der Kronen im Wind, das Knarren von Ästen und Stämmen beim Hin-und-Her-Schwanken, das den Wald so lebendig erscheinen lässt, sind nur passive Schaukelbewegungen, die den Bäumen allenfalls lästig sind. Kein Wunder, dass viele Zeitgenossen in Bäumen kaum mehr sehen als Gegenstände. Dabei spielen sich etliche Vorgänge unter der Rinde deutlich schneller ab. So fließen Wasser und Nährstoffe, also »Baumblut«, mit bis zu einem Zentimeter pro Sekunde von den Wurzeln hinauf zu den Blättern.[54]

Auch Naturschützer und viele Förster fallen in Wäldern optischen Täuschungen anheim – kein Wunder, denn der Mensch ist ja ein »Augentier« und lässt sich vom Sehsinn besonders beeinflussen. Daher erscheinen Urwälder unserer Breiten auf den ersten Blick oft trist und artenarm. Die Vielfalt des tierischen Lebens spielt sich ja häufig im Mikrokosmos ab, der den Waldbesuchern verborgen bleibt. Lediglich größere Arten wie Vögel oder Säugetiere werden von uns bemerkt, allerdings ebenfalls recht selten, denn die typischen Waldtiere sind oft ruhig und sehr scheu. So fragen mich Besucher meines Reviers, denen ich die alten Buchenreservate zeige, oft, warum man denn so wenige Vögel höre.

Freilandarten dagegen lärmen oft mehr und geben sich weniger Mühe, nicht in unser Sichtfeld zu geraten. Das kennen

Sie vielleicht aus dem eigenen Garten, wo sich Meisen, Amseln und Rotkehlchen schnell an Sie gewöhnen und nur wenige Meter Abstand halten. Auch Waldschmetterlinge sind meist braun und grau und tarnen sich während einer Rast am Stamm als Rinde. Offenlandarten dagegen überbieten sich in einer Sinfonie aus Farben und Schillereffekten und sind daher kaum zu übersehen. Den Pflanzen ergeht es nicht anders. Waldarten sind meist klein und ähneln einander sehr. Bei mehreren Hundert Spezies von Moosen, alle winzig, habe selbst ich den Überblick verloren, was für die Vielzahl von Flechten ebenso gilt. Wie viel gefälliger sind dagegen Pflanzen der Steppe? Der leuchtende, bis zu zwei Meter hohe Fingerhut, gelbe Greiskräuter, himmelblaue Vergissmeinnicht – so eine Pracht erfreut die Herzen der Wanderer. Kein Wunder, dass Störungen im Waldökosystem, bei denen durch Sturm oder Forstwirtschaft große Freiflächen geschaffen werden, bei manchen Naturschützern Begeisterungsstürme hervorrufen. Sie glauben tatsächlich, dass die Artenvielfalt nun steigt, und übersehen dabei die Dramatik der Lage. Im Tausch für wenige Offenlandarten, die sich in der prallen Sonne pudelwohl fühlen, sterben hier Hunderte Kleinsttierarten lokal aus, für die sich kaum jemand interessiert. So kommt denn auch eine wissenschaftliche Studie der »Ecological Society of Germany, Austria and Switzerland« zu dem Schluss, dass mit steigender Waldbewirtschaftung zwar die Vielfalt der Pflanzen zunehme, dies jedoch kein Grund zum Jubeln, sondern eher ein Hinweis auf den Grad der Störung des natürlichen Ökosystems sei.[55]

Von der Kette gelassen

Angesichts einer Zeit dramatischer Umbrüche für unsere Umwelt nimmt die Sehnsucht nach intakter Natur zu. Der Wald gilt im dicht besiedelten Mitteleuropa als letzte Zuflucht für Menschen, die ihre Seele in unberührter Landschaft baumeln lassen wollen. Doch unberührt ist bei uns mittlerweile gar nichts mehr. Die Urwälder verschwanden schon vor Jahrhunderten unter den Äxten und anschließend den Pflügen unserer Vorfahren, die noch von Hungersnöten geplagt waren. Neben den Siedlungen und Feldern gibt es zwar wieder große Flächen, die mit Bäumen bestanden sind. Doch es handelt sich dabei eher um Plantagen, die von Bäumen einer Art und eines Alters geprägt sind. Dass so etwas kaum Wald genannt werden kann, hat sich mittlerweile auch in der Politik herumgesprochen. So herrscht bei deutschen Parteien Konsens darüber, dass wenigstens fünf Prozent der Forste sich selbst überlassen werden sollen, damit aus ihnen die Urwälder von morgen werden können. Das klingt zunächst wenig und ist im Vergleich zu tropischen Staaten, denen wir immer wieder Vorhaltungen in Bezug auf den mangelnden Schutz ihrer Regenwälder machen, geradezu beschämend. Doch es ist zumindest ein Anfang. Auch wenn in Deutschland erst knapp zwei Prozent der Forste in die Freiheit entlassen wurden, so sind das immerhin über 2000 Quadratkilometer. Auf dieser Fläche können Sie das freie Spiel der Kräfte beobachten, und im Gegensatz zu Naturschutzgebieten, die jeweils aufwendig gepflegt werden, wird hier das Nichtstun geschützt, wissenschaftlich auch

Prozessschutz genannt. Und weil die Natur darauf pfeift, was wir erwarten, verlaufen die Entwicklungen oft nicht so, wie wir es gerne hätten.

Grundsätzlich ist es so, dass die Rückentwicklung zum Urwald umso heftiger vonstattengeht, je weiter entfernt das Schutzgebiet vom natürlichen Gleichgewicht ist. Der extremste Gegensatz wäre ein Acker mit blankem Boden, gefolgt vom heimischen Rasen, der wöchentlich gemäht wird. Auch bei uns am Forsthaus entdecke ich im Gras immer wieder Sämlinge von Eichen, Buchen und Birken. Ohne den regelmäßigen Schnitt stünde dort in fünf Jahren wieder ein junger Baumbestand von zwei Metern Höhe, der unsere kleine Idylle hinter dichtem Blätterwerk verschwinden ließe.

Bei Waldgebieten sind es Fichten- und Kiefernplantagen, die den Weg zurück zum Urwald besonders auffällig machen. Und genau solche Forste sind häufig Bestandteil frisch ausgewiesener Nationalparks, weil man sich meist nicht auf die ökologisch wertvolleren Laubwaldgebiete einigen mag. Egal, der künftige Urwald startet gerne auch in Monokulturen. Lässt der Mensch seine Finger aus dem Spiel, so sind erste drastische Veränderungen schon nach wenigen Jahren zu bemerken. Meist sind es Insekten, winzige Borkenkäfer, die sich nun ungehindert vermehren und ausbreiten. Die einst in Reih und Glied gepflanzten Nadelhölzer, oft in zu warmen und trockenen Gegenden angebaut, können sich unter solchen Bedingungen nicht gegen die Angreifer wehren und werden innerhalb weniger Wochen durch den Fraß der kompletten Rinde getötet. Wie ein Feuer breitet sich der Insektenbefall in den einstigen Wirtschaftswäldern aus und hinterlässt eine vermeintlich tote, öde Landschaft, die von bleichen Baumgerippen geprägt wird. Das lässt das Herz der ortsansässigen Sägewerke bluten, die die Stämme am liebsten noch genutzt hätten. Gerne bemühen sie auch den Tourismus als Argument, der ob der trostlosen Bilder doch gar nicht recht in Gang kommen könne. Das ist verständlich, wenn die Ausflügler unvorbereitet in die vermeintlich intakten Wälder spazieren und statt gesundem Grün ganze Höhenzüge mit abgestorbenen Bäumen vorfinden. So starben allein im Nationalpark Bayerischer Wald seit 1995 über 50 Quadratkilometer Fichtenwälder ab, das entspricht rund einem Viertel der gesamten Parkfläche.[56] Tote Stämme sind für manche Besucher offenbar schwerer zu ertragen als eine kahle Freifläche. Die meisten Nationalparks lassen sich auf die Kritik ein und verkaufen den Sägewerken tatsächlich die Bäume, die zur Bekämpfung des Borkenkäfers gefällt und abtransportiert werden – ein schwerer Fehler. Denn die abgestorbenen Fichten und Kiefern sind Geburtshelfer des jungen Laubwalds. In ihren toten Körpern speichern sie Wasser und helfen so, die heiße Sommerluft erträglich herunterzukühlen. Stürzen sie um, so bildet der undurchdringliche Verhau von Stämmen einen natürlichen Zaun, durch den kein Reh und kein Hirsch dringt. So geschützt können die kleinen Eichen, Vogelbeeren oder Buchen unbefressen nach oben wachsen. Sind die toten Nadelhölzer eines Tages verrottet, so bilden sie wertvollen Humus. Ein Urwald entsteht zu diesem Zeitpunkt aber immer noch nicht, denn dem Baumnachwuchs fehlen ja die Eltern. Es ist niemand da, der die Kleinen im Wachstum bremst, der sie beschützt oder im Krisenfall mit Zuckerlösung ernährt. Die erste natürliche Baumgeneration im Nationalpark wächst daher eher auf wie Straßenkinder. Auch die Zusammensetzung der Baumarten ist zunächst noch unnatürlich. Die einstigen Nadelholzplantagen streuen vor ihrem Abschied kräftig Samen aus, sodass zwischen Buchen, Eichen und Weißtannen auch Fichten, Kiefern oder Douglasien wachsen. Hier wird man von offizieller Seite häufig schon ungeduldig. Keine Frage, würde man die nun in Ungnade gefallenen Nadelbäume heraussägen, so ginge die Urwaldentwicklung vielleicht ein wenig schneller voran. Doch wenn man weiß, dass die erste Baumgeneration ohnehin zu schnell wächst und damit auch nicht sehr alt werden kann, dass sich dadurch das stabile Sozialgefüge eines Walds erst sehr viel später bildet, dann mag man das gelassener sehen. Die mitwachsenden Plantagenarten verabschieden sich spätestens nach 100 Jahren, weil sie den Laubbäumen über den Kopf wachsen und dann ungeschützt im Sturm stehen, der sie gnadenlos umwirft. Diese ersten Lücken werden von der zweiten Laubbaumgeneration im Nationalpark erobert, die nun geschützt unter dem Blätterdach ihrer Eltern aufwachsen kann. Selbst wenn diese Eltern nicht sehr alt werden, so reicht es doch für einen langsamen Start ihrer Kinder. Haben diese dann das Rentneralter erreicht, so hat sich der Urwald in seinem stabilen Gleichgewicht eingependelt und wird sich fortan kaum noch verändern.

Inzwischen sind 500 Jahre seit der Gründung des Nationalparks vergangen. Hätte man einen alten Laubwald, der bisher nur mäßig forstwirtschaftlich genutzt wurde, großflächig unter Schutz gestellt, so wären 200 Jahre für diesen Prozess ausreichend gewesen. Doch da landauf, landab oft naturferne Wälder für Schutzgebiete ausgewählt werden, muss man eben ein wenig mehr Zeit (aus Sicht der Bäume) und eine besonders heftige Umbildungsphase für die ersten Jahrzehnte einkalkulieren.

Eine häufige Fehleinschätzung gibt es zum Aussehen europäischer Urwälder. Vielfach wird von Laien vermutet, die Landschaft würde verbuschen, und es würde sich undurchdringliches Gehölz entwickeln. Wo heute halbwegs begehbare Forste vorherrschen, würde morgen das Chaos regieren. Reservate, in denen schon seit über 100 Jahren kein Mensch mehr Hand angelegt hat, beweisen das Gegenteil. Durch den tiefen Schatten haben Kräuter und Sträucher kaum eine Chance, sodass bei natürlichen Waldböden die Farbe Braun (von altem Laub) vorherrscht. Die kleinen Bäume wachsen extrem langsam und sehr gerade, die Seitenäste sind kurz und dünn. Es dominieren die alten Mutterbäume, deren makellose Stämme wie die Säulen einer Kathedrale wirken.

Im Gegensatz dazu gibt es in bewirtschafteten Forsten sehr viel mehr Licht, weil dort ständig Bäume herausgenommen werden. Hier wachsen Gras und Buschwerk, hier verhindern Brombeerverhaue einen Querfeldeinmarsch. Herumliegende Kronen gefällter Stämme bilden zusätzliche Hindernisse, und insgesamt ergibt sich ein sehr unruhiges, ja regelrecht unaufgeräumtes Bild. Urwälder hingegen sind grundsätzlich sehr gut zu begehen. Es sind lediglich hier und da am Boden einige dicke, abgestorbene Stämme zu sehen, die eine natürliche Ruhebank für Pausen anbieten. Weil die Bäume ein hohes Alter erreichen, kommt es sehr selten zu solchen Abbrüchen toter Exemplare; ansonsten tut sich in den Wäldern kaum etwas. Innerhalb eines Menschenlebens sind wenige Veränderungen zu bemerken. Schutzgebiete, in denen sich Kultur- zu Urwäldern entwickeln dürfen, beruhigen also die Natur und machen sie für Erholungssuchende besser erlebbar.

Und die Sicherheit? Lesen wir nicht monatlich von den Gefahren, die von alten Bäumen ausgehen? Abbrechende Äste oder komplette Exemplare, die auf Wanderwege, Hütten oder parkende Autos fallen? Gewiss, das mag es geben. Doch die Gefahren, die von bewirtschafteten Forsten ausgehen, sind ungleich höher. Über 90 Prozent der Sturmschäden gehen von Nadelbäumen aus, die in instabilen Plantagen wachsen und bereits bei Windböen um 100 km/h umfallen. Mir ist kein einziger Fall bekannt, bei dem ein alter und schon länger nicht mehr bewirtschafteter Laubwald Opfer eines solchen Wetterereignisses wurde. Von daher kann ich nur die Parole ausgeben: Mehr Mut zur Wildheit!

Bioroboter?

Wenn man die gemeinsame Geschichte von Mensch und Tier betrachtet, dann zeichnet sich in den letzten Jahren ein positives Bild. Es gibt zwar immer noch Massentierhaltung, Tierversuche und andere rücksichtslose Nutzungsformen, dennoch gestehen wir unseren tierischen Kollegen mehr und mehr Emotionen und damit auch Rechte zu. So trat in Deutschland 1990 das Gesetz zur Verbesserung der Rechtsstellung des Tieres im bürgerlichen Recht (TierVerbG) in Kraft, dessen Zweck es ist, Tiere nicht mehr als Sache zu behandeln. Immer mehr Menschen verzichten inzwischen auf den Konsum von Fleisch oder kaufen bewusster ein, um Qualen bei der Tierhaltung zu vermeiden. Ich finde diese Entwicklung sehr gut, denn mittlerweile weiß man, dass Tiere in vielen Bereichen ähnlich fühlen wie wir. Das trifft nicht nur auf uns nahestehende Säugetiere zu, sondern sogar auf Insekten wie etwa Fruchtfliegen. Forscher in Kalifornien fanden heraus, dass selbst diese Winzlinge träumen. Mitgefühl für Fliegen? So weit sind Menschen dann doch meist nicht, und selbst wenn, wäre der emotionale Weg zu den Wäldern noch lange nicht geschafft. Denn zwischen Fliegen und Bäumen liegt für uns ein kaum zu überbrückendes gedankliches Hindernis. Die großen Pflanzen haben kein Gehirn, können sich nur sehr langsam bewegen, sind an völlig anderen Dingen interessiert und erleben ihren Alltag in einem extremen Zeitlupentempo. Kein Wunder, dass zwar jedes Schulkind weiß, dass es Lebewesen sind, Bäume aber ansonsten als Sache behandelt werden. Wenn die Brennholzscheite lustig im Ofen knacken, dann ist es der Kadaver einer Buche oder Eiche, der da gerade Feuer fängt. Oder das Papier dieses Buchs, das Sie jetzt in der Hand haben: Es besteht aus geraspelten, eigens hierfür gefällten (und damit getöteten) Fichten und Birken. Klingt das übertrieben? Ich finde nicht. Denn wenn wir uns all das, was wir in den vorangegangenen Kapiteln erfahren haben, vor Augen halten, dann dürfen durchaus Parallelen zu Schnitzeln und Schweinen gezogen werden. Wir nutzen lebende Wesen, die für unsere Zwecke getötet werden, da gibt es nichts zu beschönigen. Andererseits stellt sich die Frage, ob unser Handeln tatsächlich verwerflich ist. Wir sind schließlich ebenfalls Bestandteil der Natur und vom Körperbau her so angelegt, dass wir nur mithilfe der organischen Substanz anderer Arten überleben können. Diese Notwendigkeit teilen wir mit allen Tieren. Die Frage ist nur, ob wir uns über das notwendige Maß hinaus aus dem Ökosystem Wald bedienen und ob wir Bäumen dabei, analog zur Tiernutzung, unnötige Leiden ersparen. Wie bei jenen gilt dann genauso, dass eine Nutzung von Holz in Ordnung ist, wenn die Bäume artgerecht leben durften. Und das heißt, dass sie ihre sozialen Bedürfnisse ausleben können, dass sie in einem echten Waldklima mit intakten Böden wachsen und ihr Wissen an die nächsten Generationen weitergeben können. Zumindest ein Teil von ihnen sollte in Würde alt werden dürfen und schließlich eines natürlichen Todes sterben. Was bei der Nahrungsmittelerzeugung die Biolandwirtschaft ist, wird im Wald mit der Plenterwirtschaft umgesetzt. Dabei sind alle Alters- und Größenstufen der Bäume innig miteinander gemischt, sodass Baumkinder unter ihren Müttern aufwachsen. Es wird nur schonend hier und da einmal ein Stamm geerntet, den anschließend Pferde zum nächsten Weg ziehen. Und damit auch alte Bäume zu ihrem Recht kommen, werden fünf bis zehn Prozent der Fläche unter Schutz gestellt. Holz aus solchen Wäldern mit artgerechter »Baumhaltung« kann bedenkenlos genutzt werden. Leider sieht die derzeitige Praxis in Mitteleuropa zu 95 Prozent anders aus, wird immer mehr mit schwersten Maschinen in monotonen Plantagen gearbeitet. Laien erfassen die Notwendigkeit für einen Kurswechsel oft intuitiv besser als Förster. Immer häufiger mischen sie sich in die Bewirtschaftung der öffentlichen Wälder ein und setzen dort gegenüber den Behörden höhere Umweltstandards durch. So etwa die »Waldfreunde Königsdorf« in der Nähe von Köln, die in einem Mediationsverfahren zwischen Forstamt und Ministerium erreichten, dass schwere Maschinen nicht mehr eingesetzt und Laubbäume höheren Alters gar nicht mehr gefällt werden dürfen.[57] Im Falle der Schweiz ist es gleich ein ganzer Staat, der sich um ein artgerechtes Leben allen Grüns kümmert. In der Bundesverfassung ist festgelegt, dass »... im Umgang mit Tieren, Pflanzen und anderen Organismen der Würde der Kreatur Rechnung zu tragen ist«. So ist etwa das Köpfen von Blumen am Wegesrand ohne vernünftigen Grund unzulässig. Zwar hat diese Sichtweise international eher Kopfschütteln ausgelöst, doch ich begrüße das Einreißen der moralischen Grenzen zwischen Tieren und Pflanzen durchaus. Wenn die Fähigkeiten der Vegetation bekannt und ihr Gefühlsleben und ihre Bedürfnisse anerkannt sind, dann sollte sich schrittweise auch unser Umgang mit Pflanzen ändern. Wälder sind nicht hauptsächlich Holzfabriken und Rohstofflager und nur nebenbei komplexe Lebensräume für Tausende von Arten, wie es die aktuelle Forstwirtschaft praktiziert. Ganz im Gegenteil. Denn immer dann, wenn sie sich artgerecht entfalten können, bieten sie besonders gut Funktionen, die in vielen Waldgesetzen juristisch über die Holzerzeugung gestellt werden: Schutz und Erholung. Die aktuellen Diskussionen zwischen Umweltverbänden und Waldnutzern sowie erste gute

Ergebnisse wie in Königsdorf machen Hoffnung für die Zukunft, dass das geheime Leben der Wälder weiterhin stattfindet und auch unsere Nachfahren noch staunend zwischen den Bäumen spazieren können. Das ist es ja, was dieses Ökosystem ausmacht: die Fülle des Lebens, Zehntausende von Arten, die miteinander verwoben und voneinander abhängig sind. Wie wichtig sogar die globale Vernetzung von Wäldern mit anderen Naturräumen ist, wird ansatzweise durch eine kleine Geschichte aus Japan deutlich. Katsuhiko Matsunaga, ein Meereschemiker an der Universität von Hokkaido, entdeckte, dass aus dem herabgefallenen Laub Säuren über Bäche und Flüsse ins Meer gespült werden. Dort regen sie das Wachstum von Plankton an, welches der erste und wichtigste Baustein der Nahrungskette ist. Mehr Fische durch Wald? Der Forscher regte Baumpflanzungen in Küstennähe an, die tatsächlich zu höheren Erträgen von Fischerei und Austernzüchtern führten.[58] Doch es ist nicht nur der materielle Nutzen, der unsere Sorge um die Bäume begründen sollte. Es sind auch die kleinen Rätsel und Wunder, die es zu erhalten lohnt. Unter dem Blätterdach spielen sich täglich Dramen und rührende Liebesgeschichten ab, hier ist das letzte Stück Natur vor unserer Haustür, in dem es noch Abenteuer zu erleben und Geheimnisse zu entdecken gibt. Und wer weiß: Vielleicht wird eines Tages tatsächlich die Sprache der Bäume entschlüsselt und damit Stoff für weitere unglaubliche Geschichten geliefert. Bis dahin lassen Sie bei den nächsten Waldspaziergängen einfach Ihrer Fantasie freien Lauf – sie ist in vielen Fällen gar nicht so weit von der Realität entfernt!

Danksagung

Dass ich so viel über Bäume schreiben kann, ist ein Geschenk, denn beim Recherchieren, Nachdenken, Beobachten und Kombinieren lerne ich täglich neu hinzu. Dieses Geschenk hat mir meine Frau Miriam gemacht, die sich in vielen Gesprächen den aktuellen Stand geduldig anhörte, das Manuskript gegenlas und etliche Verbesserungen vorschlug. Ohne meinen Arbeitgeber, die Gemeinde Hümmel, hätte ich nicht diesen wunderschönen alten Wald meines Reviers schützen können, durch den ich so gerne streife und der mich inspiriert. Dem Ludwig Verlag danke ich für die Möglichkeit, meine Gedanken einer breiten Leserschaft zugänglich zu machen, und nicht zuletzt danke ich Ihnen, liebe Leserinnen und Leser, dass Sie zusammen mit mir einige Geheimnisse der Bäume gelüftet haben – nur wer die Bäume kennt, vermag sie zu schützen.

Anmerkungen

1 Anhäuser, M.: Der stumme Schrei der Limabohne, in: MaxPlanck-Forschung 3/2007, S. 64–65

2 Ebd.

3 http://www.deutschlandradiokultur.de/die-intelligenz-der-pflanzen.1067.de.html?dram:article_id=175633, abgerufen am 13.12.2014

4 https://gluckspilze.com/faq, abgerufen am 14.10.2014

5 http://www.deutschlandradiokultur.de/die-intelligenz-der-pflanzen.1067.de.html?dram:article_id=175633, abgerufen am 13.12.2014

6 Gagliano, Monica, et al.: Towards understanding plant bioacoustics, in: Trends in plants science, Vol. 954, S. 1–3

7 Neue Studie zu Honigbienen und Weidenkätzchen, Universität Bayreuth, Pressemitteilung Nr. 098/2014 vom 23.05.2014

8 http://www.rp-online.de/nrw/staedte/duesseldorf/pappelsamen-reizen-duesseldorf-aid-1.1134653, abgerufen am 24.12.2014

9 »Lebenskünstler Baum«, Script zur Sendereihe »Quarks & Co«, WDR, S. 13, Mai 2004, Köln

10 http://www.ds.mpg.de/139253/05, abgerufen am 9.12.2014

11 http://www.news.uwa.edu.au/201401156399/research/move-over-elephants-mimosas-have-memories-too, abgerufen am 08.10.2014

12 http://www.zeit.de/2014/24/pflanzenkommunikation-bioakustik

13 http://www.wsl.ch/medien/presse/pm_040924_DE, abgerufen am 18.12.2014

14 http://www.planet-wissen.de/natur_technik/pilze/gift_und_speisepilze/wissensfrage_groesste_lebewesen.jsp, abgerufen am 18.12.2014

15 Nehls, U.: Sugar Uptake and Channeling into Trehalose Metabolism in Poplar Ectomycorrhizae, Dissertation vom 27.04.2011, Universität Tübingen

16 http://www.scinexx.de/wissen-aktuell-7702-2008-01-23.html, abgerufen am 13.10.2014

17 http://www.wissenschaft.de/archiv/-/journal_content/56/12054/1212884/Pilz-t%C3%B6tet-Kleintiere-um-Baum-zu-bewirten/, abgerufen am 17.02.2015

18 http://www.chemgapedia.de/vsengine/vlu/vsc/de/ch/8/bc/vlu/transport/wassertransp.vlu/Page/vsc/de/ch/8/bc/transport/wassertransp3.vscml.html, abgerufen am 9.12.2014
19 Steppe, K., et al.: Low-decibel ultrasonic acoustic emissions are temperature-induced and probably have no biotic origin, in: New Phytologist 2009, Nr. 183, S. 928–931
20 http://www.br-online.de/kinder/fragen-verstehen/wissen/2005/01193/, abgerufen am 18.03.2015
21 Lindo, Zoë, und Whiteley, Jonathan A.: Old trees contribute bioavailable nitrogen through canopy bryophytes, in: Plant and Soil, Mai 2011, S. 141–148
22 Walentowski, Helge: Weltältester Baum in Schweden entdeckt, in: LWF aktuell, 65/2008, S. 56, München
23 Hollricher, Karin: Dumm wie Bohnenstroh?, in: Laborjournal 10/2005, S. 22–26
24 http://www.spektrum.de/news/aufbruch-in-den-ozean/1025043, abgerufen am 9.12.2014
25 http://www.desertifikation.de/fakten_degradation.html, abgerufen am 30.11.2014
26 Mündlich Dipl.-Biol. Klara Krämer, RWTH Aachen University, 26.11.2014
27 Fichtner, A., et al.: Effects of anthropogenic disturbances on soil microbial communities in oak forests persist for more than 100 years, in: Soil Biology and Biochemistry, Band 70, März 2014, S. 79–87, Kiel
28 Mühlbauer, Markus Johann: Klimageschichte. Seminarbeitrag Seminar: Wetter und Klima WS 2012/13, S. 10, Universität Regensburg
29 Mihatsch, A.: Neue Studie: Bäume sind die besten Kohlendioxidspeicher, in: Pressemitteilung 008/2014, Universität Leipzig, 16.1.2014
30 Zimmermann, L., et al.: Wasserverbrauch von Wäldern, in: LWF aktuell, 66/2008, S. 16
31 Makarieva, A.M., Gorshkov, V.G.: Biotic pump of atmospheric moisture as driver of the hydrological cycle on land. Hydrology and Earth System Sciences Discussions, Copernicus Publications, 2007, 11 (2), pp. 1013–1033
32 Adam, D.: Chemical released by trees can help cool planet, scientists find, in: The Guardian, 31.10.2008, http://www.theguardian.com/environment/2008/oct/31/forests-climatechange, abgerufen am 30.12.2014
33 http://www.deutschlandfunk.de/pilze-heimliche-helfershelfer-des-borkenkaefers.676.de.html?dram:article_id=298258, abgerufen am 27.12.2014

34 Möller, G. (2006): Großhöhlen als Zentren der Biodiversität, http://biotopholz.de/media/download_gallery/Grosshoehlen_-_Biodiversitaet.pdf, abgerufen am 27.12.2014

35 Goßner, Martin, et al.: Wie viele Arten leben auf der ältesten Tanne des Bayerischen Walds, in: AFZ-Der Wald, Nr. 4/2009, S. 164–165

36 Möller, G. (2006): Großhöhlen als Zentren der Biodiversität, http://biotopholz.de/media/download_gallery/Grosshoehlen_-_Biodiversitaet.pdf, abgerufen am 27.12.2014

37 http://www.totholz.ch, abgerufen am 12.12.2014

38 http://www.wetterauer-zeitung.de/Home/Stadt/Uebersicht/Artikel,-Der-Wind-traegt-am-Laubfall-keine-Schuld-_arid,64488_regid,3_puid,1_pageid,113.html

39 http://tecfaetu.unige.ch/perso/staf/notari/arbeitsbl_liestal/botanik/laubblatt_anatomie_i.pdf

40 Claessens, H. (1990): L'aulne glutineux (Alnus glutinosa): une essence forestière oubliée, in: Silva belgica 97, S. 25–33

41 Laube, J., et al.: Chilling outweighs photoperiod in preventing precocious spring development. In: Global Change Biology (online 30. Oktober 2013)

42 http://www.nationalgeographic.de/aktuelles/woher-wissen-die-pflanzen-wann-es-fruehling-wird, abgerufen am 24.11.2014

43 Richter, Christoph: Phytonzidforschung – ein Beitrag zur Ressourcenfrage, in: Hercynia N.F., Leipzig 24 (1987) 1, S. 95–106

44 Cherubini, P., et al. (2002): Tree-life history prior to death: two fungal root pathogens affect tree-ring growth differently. – J. Ecol. 90: 839–850.

45 Stützel, T., et al.: Wurzeleinwuchs in Abwasserleitungen und Kanäle, Studie der Ruhr-Universität Bochum, Gelsenkirchen, S. 31–35, Juli 2004

46 Sobczyk, T.: Der Eichenprozessionsspinner in Deutschland, BfN-Skripten 365, Bonn-Bad Godesberg, Mai 2014

47 Ebeling, Sandra, et al.: From a Traditional Medicinal Plant to a Rational Drug: Understanding the Clinically Proven Wound Healing Efficacy of Birch Bark Extract. In: PLoS One 9(1), 22. Januar 2014

48 USDA Forest Service: http://www.fs.usda.gov/detail/fishlake/home/?cid=STELPRDB5393641, abgerufen am 23.12.2014

49 Meister, G.: Die Tanne, S. 2, herausgegeben von der Schutzgemeinschaft Deutscher Wald (SDW), Bonn

50 Finkeldey, Reiner, u. Hattemer, Hans H.: Genetische Variation in

Wäldern – wo stehen wir?, in: Forstarchiv 81, S. 123–128, M. & H. Schaper GmbH, Juli 2010

51 Harmuth, Frank, et. al.: Der sächsische Wald im Dienst der Allgemeinheit, Staatsbetrieb Sachsenforst, 2003, S. 33

52 v. Haller, A.: Lebenswichtig aber unerkannt. Verlag Boden und Gesundheit, Langenburg 1980.

53 Lee, Jee-Yon, und Lee, Duk-Chul: Cardiac and pulmonary benefits of forest walking versus city walking in elderly women: A randomised, controlled, open-label trial, in: European Journal of Integrative Medicine 6 (2014), S. 5–11

54 http://www.wilhelmshaven.de/botanischergarten/infoblaetter/wassertransport.pdf, abgerufen am 21.11.2014

55 Boch, S., et al.: High plant species richness indicates management-related disturbances rather than the conservation status of forests, in: Basic and Applied Ecology 14 (2013), S. 496–505

56 http://www.br.de/themen/wissen/nationalpark-bayerischer-wald104.html, abgerufen am 09.11.2014

57 http://www.waldfreunde-koenigsdorf.de, abgerufen am 07.12.2014

58 Robbins, J.: Why trees matter, in: The New York Times, 11.04.2012, http://www.nytimes.com/2012/04/12/opinion/why-trees-matter.html?_r=1&, abgerufen am 30.12.2014